めくるめく数学。

女性数学者たちが語るうるわしき数学の物語

嶽村智子
大山口菜都美
酒井祐貴子

dazzling mathematics

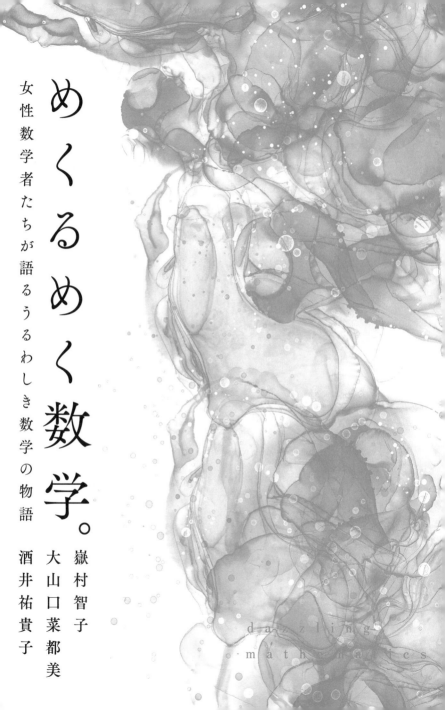

はじめに

『めくるめく数学。』を手に取っていただきありがとうございます。

数学の難しさで目が眩むのではなく、数学の面白さに目が眩むことがあることを、そこに人生を豊かにするヒントが隠れていることを感じていただきたくこの本を書きました。

私たちが旅行へ行くときにその場所の歴史を事前に知るだけで楽しみが増えるように、数学を少し知るだけで普段の生活に彩りを添えられることを願って、3人でトピックを集めました。各トピックの最後に、誰の文章かわかるようになっています。数式はなるべく使わずに、文章やイラストだけでも楽しめるようにしていますので、気軽に楽しんでください。

「お弁当も彩り豊かな方が美味しそうだよね」

「書いていたらミスチルの「彩り」の歌詞が浮かんだの」

「この本から、たくさんの色が生まれるといいね」

数学の彩りがひろがっていきますように

嶽村智子

酒井祐貴子

大山口菜都美

目次

STORY 1

勝負服のやめどき

【フィッシャー実験計画法】

勝負服、勝負下着、勝負メガネ、勝負◯◯、ここぞという時に身につけていくもので、それを身につけることで、朝から気合が入り、自信に繋がって良い方向に進む。皆、それぞれに勝負◯◯が一つはあるのではないか。

この勝負◯◯のおかげで勝負がいつも上手くいくのであれば、是非この願掛けを続けるべきなのだが、もし失敗が続くようであれば、再検討が必要である。そんなこと当たり前、と思われるかもしれないが、踏ん切りをつける勇気は中々つかない。たいていの場合、その勝負◯◯はお気に入りであったり、今までの良い思い出もあり、思い入れの強いものだから。

どんなタイミングで勝負◯◯を止めるべきなのか……例えば、勝負服を着ていると、いつからか商談がうまくいかなくなったとする。少し前までは、この勝負服で百戦百勝だったのに……なんとなく服が原因であるような気もするが、思い入れのある服なので、たまたま商談相手と相性が合わなかった?! 入念に資料を作成したつもりだったけれど準備不足だったから?! など他の要因を探して、その服をやめる勇気は中々持てないのではないか。

しかし、もしその勝負服を着て商談が5回以上うまく運ばなければ、もうその勝負服は格下げしよう。5回というところが、ミソである。**どっちになるか分からないことが5回続くと、それは大抵5回続いた方が正しいと判断できるのだ。**

これは統計学の中の**仮説検定**という考え方に由来する。

この考え方の基には、ミルクティの美味しさが関係している。急に、ミルクティ?! と思われるかもしれないが、統計学では有名な話である。

1920年代ケンブリッジのティータイムで、ある婦人が「ミルクティは、カップにミルクから注ぐのと紅茶から注ぐのでは味が異なるのよ」と主張した。その場にいるほとんどの人がそんなはずはないと否定した（だって、ただミルクと紅茶を混ぜるだけなのだから、どちらを先に入れたかで味が変わるわけがない）。

そのお茶会の参加者の中に**フィッシャー**という統計学者がいた。フィッシャーは、この婦人の主張が正しいのかどうか、実験で検討しようと提案した。ミルクが先のミルクティを4つと紅茶が先のミルクティを4つ準備し、どれがどちらかわからないように婦人に差し出す。8つのうちミルクが先のミルクティを4つ選んでもらうことにした。もし味に差がないなら、8つのミルクティから4つを区別するのは至難の業だ！

その後、そのお茶会での議論がどうなったかはよくわからないのだが、フィッシャーは、『実験計画法』という本を出版した。仮説検定、実験計画法と堅苦しい言葉が並んでしまったが、**仮説（「味が同じ」）を立てて、実験をし、その結果（稀なことが起こった）から、判断（「味が同じ」だとすると山勘で当てることはほとんど起きない！つまり「味が同じ」ではないと）することができる**のである。

勝負服の話からミルクティの話になってしまったが、勝負服でも同じことだ。「この勝負服と商談の良し悪しは変わらない（本当は商談がうまくいくと思いたい）」と考えて、実験を繰り返し、「商談がうまくいかない」ということが5回続くと、それは稀なことが起きているのである。つまり、元々の考え「この勝負服と商談の良し悪しは変わらない」という考え方が間違いだったと判断（統計の言葉で言うと判定）できるのだ。

ある友人が待ち合わせに昔は遅刻をしなかったのに、最近になって5回続けて遅刻してきたとする。そうなるとその友人が遅刻することは珍しいことではなくその友人は遅刻するので、イライラしてもしょうがないと考えることができる。その友人との待ち合わせには、バッグの中に1冊時間つぶしのための本でも用意しておくと、心穏やかに待てるだろうし、もしかするとその友人には遅刻をしてしまう事情（相談できずにいること）があるかもしれないので、そっと悩みを聞いてみると良いかもしれない。

ちなみにミルクティは、紅茶に冷たいミルクを注ぐと、ミルクの温度が急激に上がりミルクの味が変化してしまうそうだ。ミルクティを飲む時には、ミルクを先に入れて紅茶を注ぐか、紅茶に少し温めたミルクを入れると良いそうだ。

詳しい数学の解説は次の絵を参照してほしい。

■ミルクティの実験

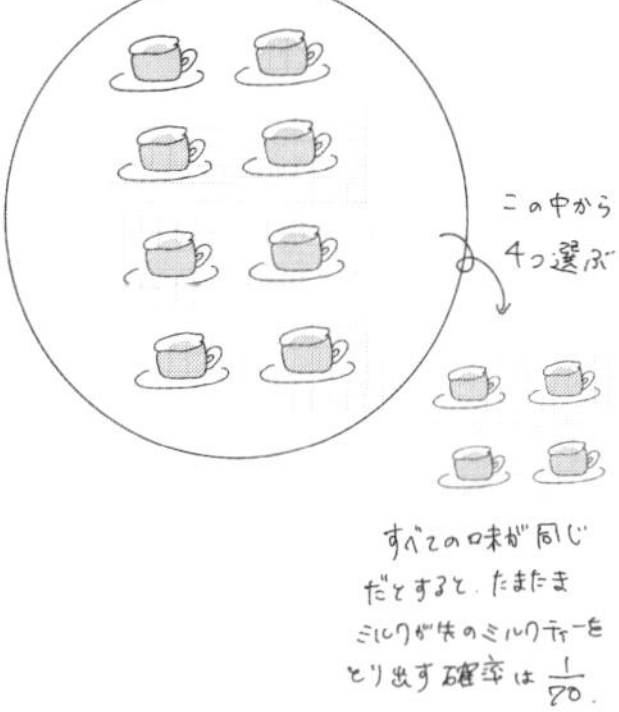

■ミルクティの選び方

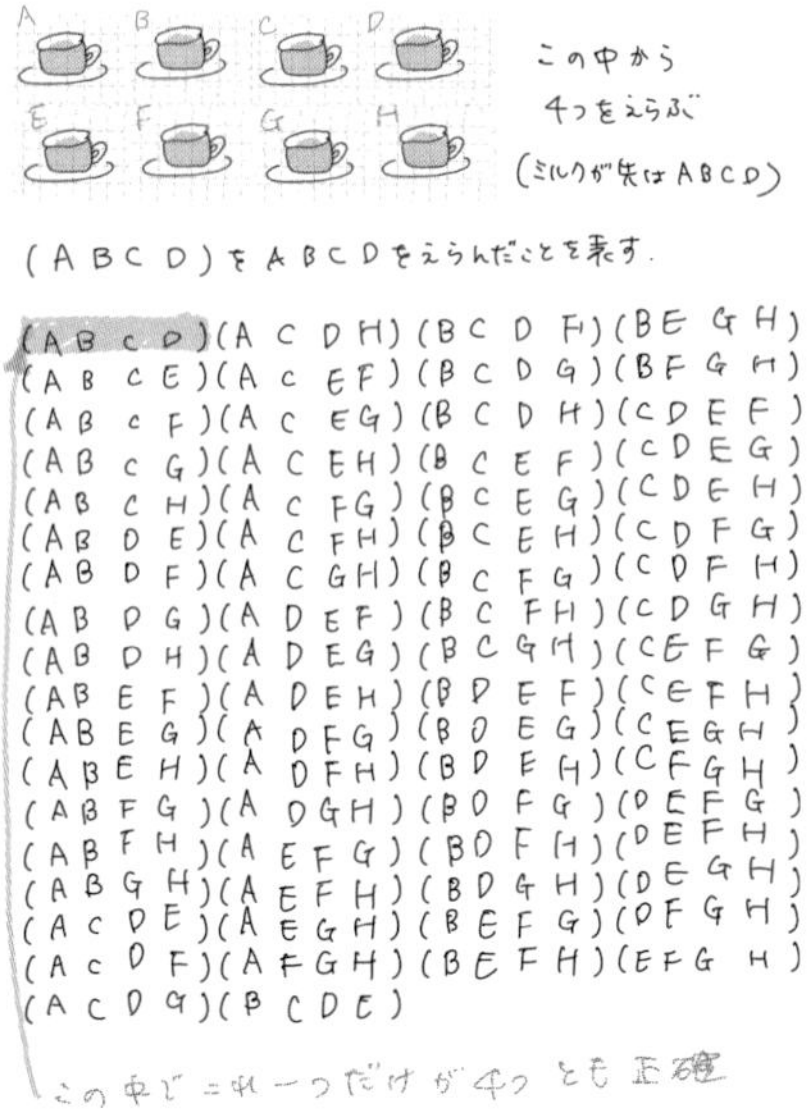

8つの中から適当に4つ選ぶ選び方は全部で70種類あり、その中で正解の4つを正確に選ぶのはその中の一つだけなので、確率は1／70となる。味がわからないまま、適当に選んで全て正解するのは至難の技なのである！

■樹形図

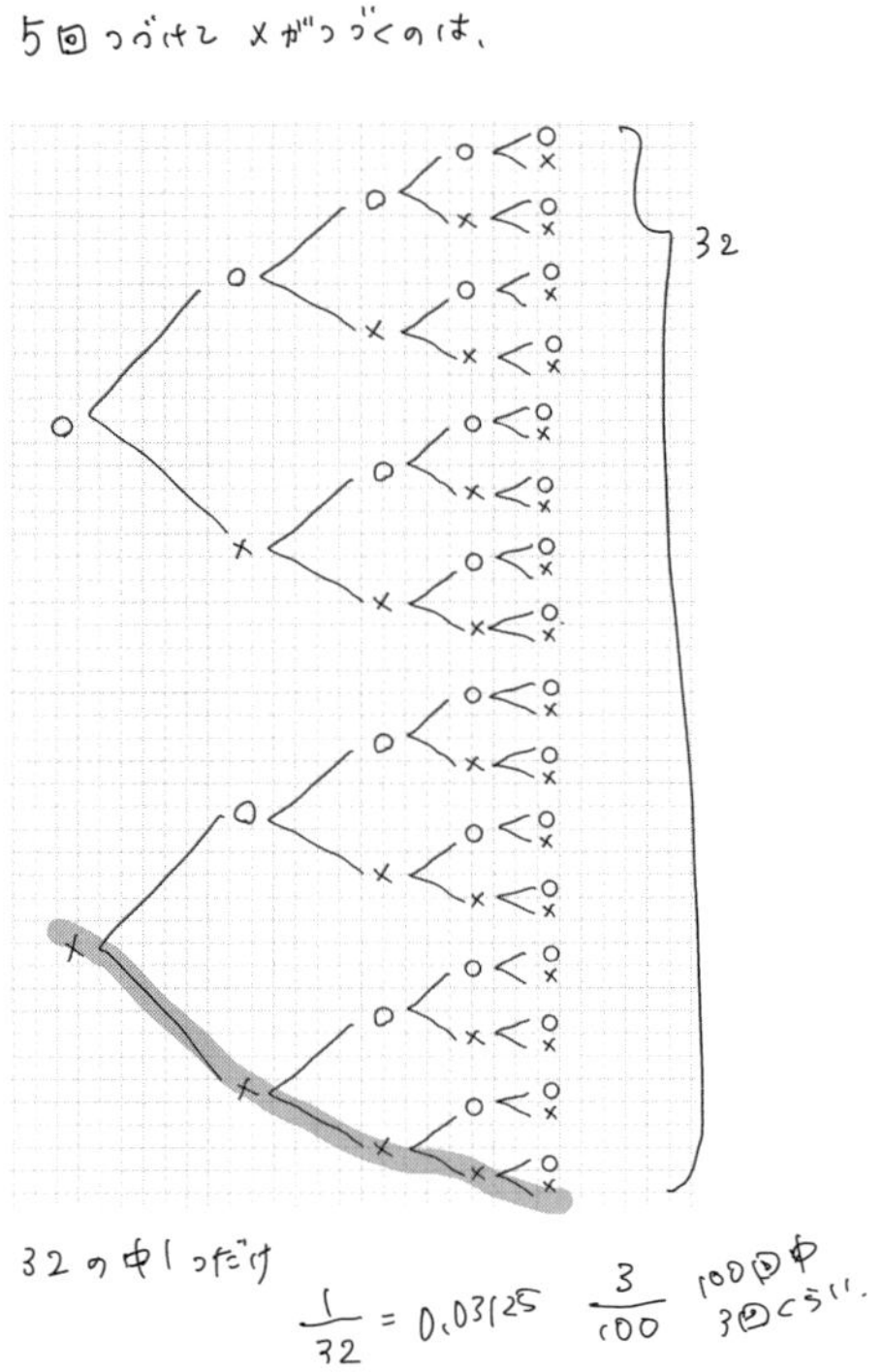
5回つづけて ×がつづくのは、
32
32の中1つだけ
1/32 = 0.03125
3/100
100回中
3回くらい。

勝負服で失敗が5回続いてしまうことも図で書いてみると、成功を○、失敗を×とすると×が5回中、5回続くのは、32の中の一つである。○と×が同じように起こっているとすると、×が続くのは、3／100の割合くらい稀なこと!! ○と×が同じように起こっているという考えが間違いだったと結論づけられるのだ。

嶽村智子

STORY 2

黄金比率のレシピに物申す！

【黄金比】

今日の夕飯は何にしようかな〜、スマホでレシピ検索をしていると、むむっ。プロ顔負け黄金比率のたれという文字が目に飛び込んできた。何々？　醤油1：みりん1：酒1……。少し調べてみると、インターネット上のレシピには「黄金比」という言葉があふれている。

いやいや、黄金比はそんな値じゃないぞ。そもそも**数学で使われる黄金比という言葉はある数が元になっており、その数にはφ（ギリシャ文字で読み方はファイ）という名前がついている。**そのϕを使って表される比率である黄金比率1：ϕは大体の値でしか書かないが、**1：1.6**とか**5：8**で表されるような比率である。

では、何故インターネット上のレシピにこれほどまでに「黄金比」という言葉が出てくるのか……これぞ誰にでも美味しいと思われる調味料の比率ということだろう。まあ、わからなくもないが、ちょっと違うのだよなぁ。実際に黄金比は紀元前5、6世紀ごろから既に「最も美しい形を与える特別な力を持った数」として人々に認知されていた。たぶん、その視覚的に万人に好まれる、というところだけを切り取って味覚に応用しているのだろう。しかし、黄金比が特別なのは、**視覚的に万人に美しい、と認識される比率が本当に黄金比率と呼ばれる1：Φになっているところ**なのだ！　ただ単に万人に好まれるのとはだいぶ意味が違う。

既にφが数であることは書いたが、数といってもぴたりと割り切れる数ではない。φ＝1.61803398875……のように、円周率πと同様、**無限に続く巡回しない小数（いわゆる無理数といわれる数）**である。このφという数、名前は違えど、既に紀元前5、6世紀の建造物やマークで使われていたというのだから驚きだ。

φは下の図にあるような関係（式）を満たしていて、この関係は「1本の直線ABをAB／AC＝AC／CBも満たすように、うまく点

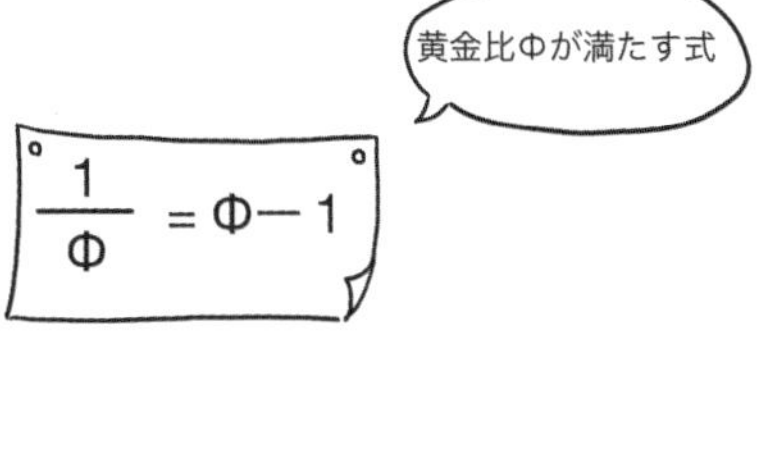
黄金比Φが満たす式
$\frac{1}{\Phi} = \Phi - 1$

Cを見つける」という問題から出てくる。そして、今説明した直線ABとその上に取った点Cの関係が、皆さんおなじみの星形5角形に隠れているのだ！

星形5角形は、ピタゴラスの定理で有名なピタゴラス学派のシンボルとしても使われていたのだが、この形が見た目に綺麗であり、インパクトがあるシンボルであることは納得してもらえるだろう。実際にφはこの図形の話から下のように導ける。

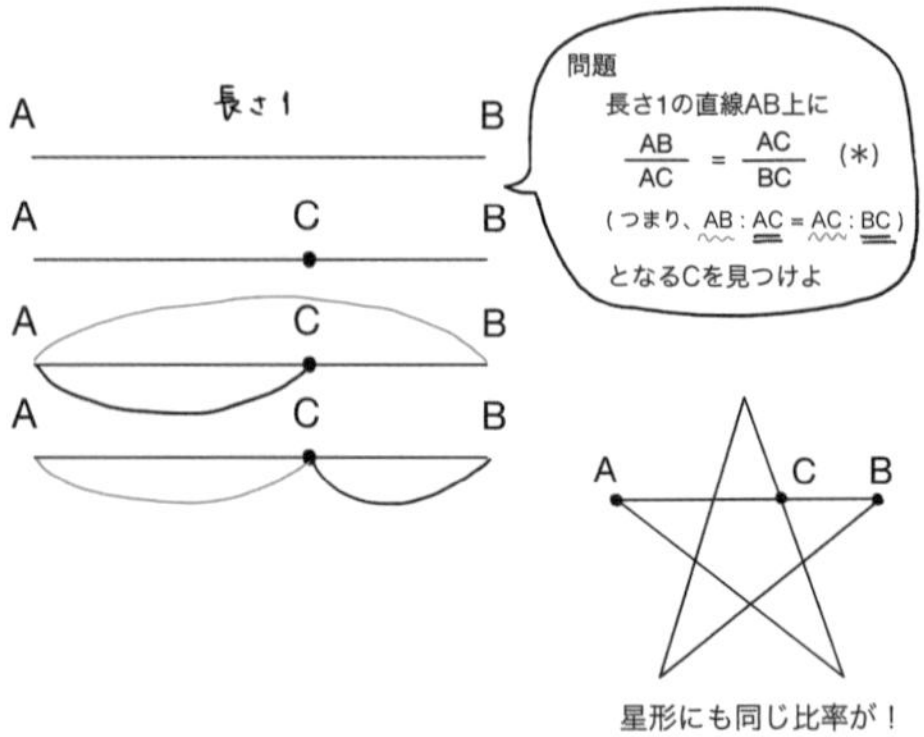
A 長さ1 B
A C B
A C B
A C B
問題
長さ1の直線AB上に
AB/AC = AC/BC (*)
（つまり、AB : AC = AC : BC）
となるCを見つけよ
A C B
星形にも同じ比率が！

φを導いてみよう！

Aの図で $AB=1$, $AC=x$ とおくと、

$BC = AB - AC = 1 - x$

(*)の式にあてはめると、$\frac{1}{x} = \frac{x}{1-x}$ と書けるので

$x^2 + x - 1 = 0$

という方程式を得る。

これを解くと、正の値（0より大きい）解は $x = \frac{-1+\sqrt{5}}{2}$ となり、

$\phi = \frac{1}{x}$ とおくと、φは上の式を満たす。

（実際は $\phi = \frac{1}{-1+\sqrt{5}} = \frac{1+\sqrt{5}}{2}$ ）

この黄金比はコンパスと定規を使って比較的簡単に作図でき、2辺の長さが黄金比になっている長方形（黄金長方形と呼ばれる）は古くから「もっとも美しい長方形」と言われてきた。

古くはアテネのアクアポリスにあるパルテノン神殿やクフ王のピラミッド、唐《とう》招《しょう》提《だい》寺《じ》金堂《こんどう》に黄金比が現れているという説もあるし、現代の建築家も5：8という黄金比率の近似値を利用して仕事をしているようである。

■黄金比の作図

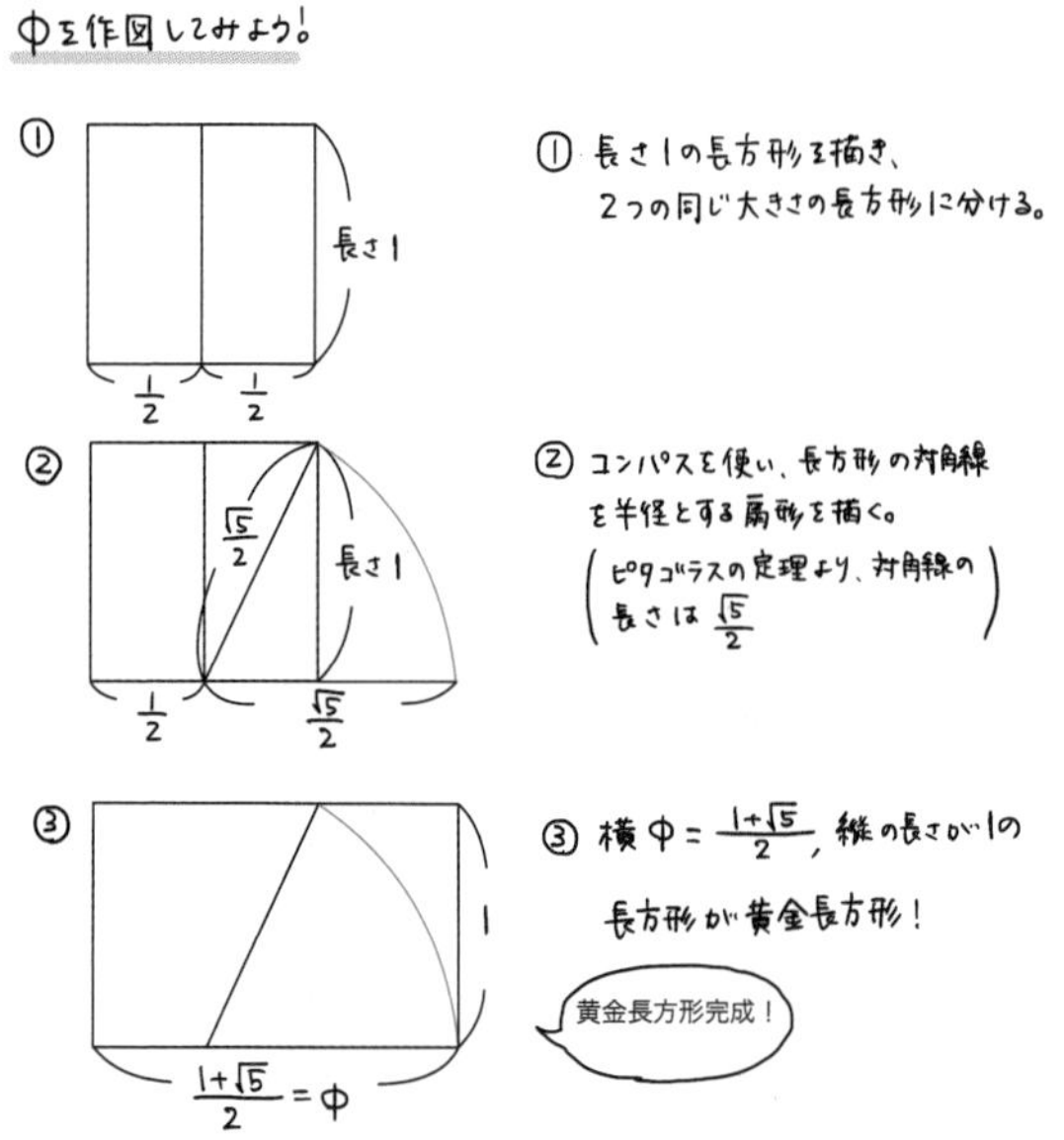
φを作図してみよう！
①
長さ1
1/2
1/2
① 長さ1の長方形を描き、2つの同じ大きさの長方形に分ける。
②
√5/2
長さ1
1/2
√5/2
② コンパスを使い、長方形の対角線を半径とする扇形を描く。
（ピタゴラスの定理より、対角線の長さは √5/2）
③
1
1+√5/2 = φ
③ 横φ＝1+√5/2、縦の長さが1の長方形が黄金長方形！
黄金長方形完成！

建造物だけではなく、ミロのヴィーナスやレオナルドダヴィンチのモナ・リザの絵にも意図的に黄金比が取り入れられている。

例えば先ほどの「1本の直線ABをAB／AC＝AC／CBも満たすように、点Cを見つける」という話、まさにヴィーナスの頭の先からつま先までを直線ABとすると、ヴィーナスのおへそが点Cになっているのだ！

また、この黄金長方形を正方形と長方形に分割することによって得られる黄金らせんは、葛飾北斎の浮世絵「神奈川沖浪裏《かながわおきなみうら》」やアメリカの某企業のあのリンゴマークにも隠れていると言われている。そしてあなたのお財布の中にも。実はキャッシュカード

やクレジットカードはかなり黄金長方形に近い形をしているのだ。

こんなに神秘に満ち溢れた数、比率を皆さんは知らないうちに常に持ち歩いていたのだ。

■黄金らせん

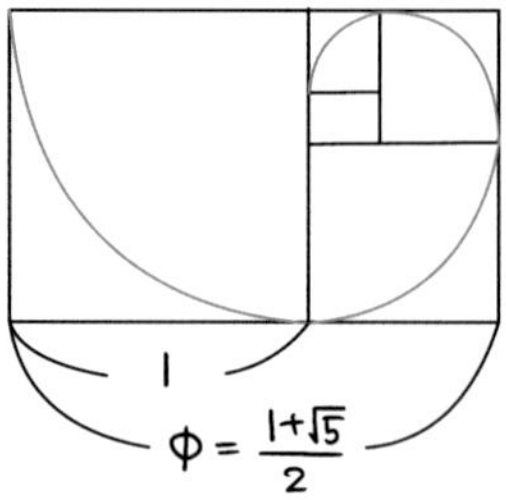

一番初めのレシピの話に戻るが、このような形でレシピに黄金比、という言葉を使うのは日本だけなのか気になって「golden ratio recipe」で調べてみると、海外では飲み物（カクテル、ラテ……）のレシピで使うことが多いようだ。醤油やみりん、日本酒など色々な調味料を用いてたれ等を一から自分で作ってしまおう、という日本人の調理に対する感覚や姿勢は海外と少し違うのかな。びっくりしたのは、イギリス人のサイトで、黄金らせんの模様のケーキを作るレシピが出てきたこと。うん、これは正しく黄金比のケーキのレシピだ。

余談になるが、黄金比と同じように使われている用語で個人的に気になるのは「○●の方程式」という使われ方である。比喩的に、日常生活の中でも何かを解決するための方法や、答えを得るための決まった方法、という意味で使われているのをよく見かける。

それさえ解ければ……という気持ちはよくわかるが、数学的には解けない方程式（解なし！）もあるのだよなぁ。まあ、あまり細かいことは気にしないことにして、とりあえず今日の夕飯は黄金比率のたれレシピを参考に豚丼にしよう！

酒井祐貴子

STORY 3

転がる先のパイ

【ビュフォンの針】

ペンが転がりフローリングの床に落ちて、フローリングの縞模様《しまもよう》とペンが交わっていたら円周率を思い出してみて。

円周率といえば、小学校で円周や円の面積を求める時に出てきたアレである！　3・14（もしくは、7／22）だったと思っていたらいつからかパイπという呼び方になった曲者。円周率がπとなってから、少し距離ができてしまった人もいるかもしれない。円周率πは、円周や円の面積を求めるために使われるが、実はそれだけではない。

■公式

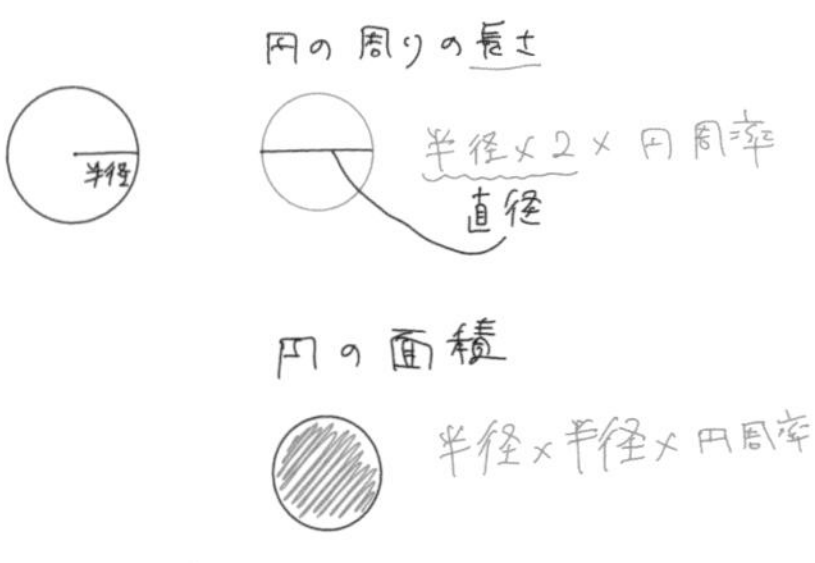

少しだけ円周率について思い出してみよう。下のコンパクトの中で一番ファンデーションが多く入っているのはどれだろうか。予想してみてほしい。あなたならどれを買う?

■ファンデーションのコンパクト

■ファンデーションの容量

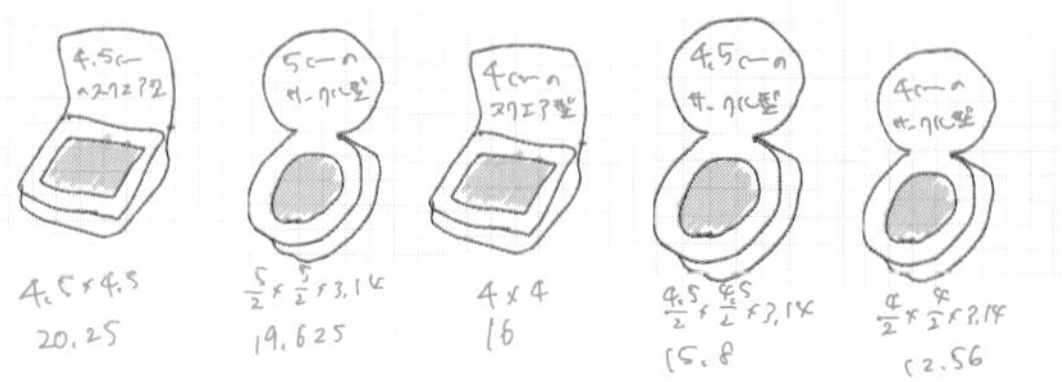

円の面積の公式を用いてファンデーションの量を比べてみると、たくさん入っているものがわかる。上の図は円周率を3・14として計算したものだ。

どうだろう？ 予想は当たっていただろうか？

円周率とペンとフローリングの縞模様の話に戻ろう。

なぜペンがフローリングの縞模様と交わったら円周率を思い出してほしいかというと、**ペンと縞模様が交わる頻度（確率）は、円周率 π を使って表すことができる**からである。頻度が円周率πで表せる？？？？？ 頻度って、「今週自炊した頻度は5／7」みたいに整数の比じゃないの？ と思われるかもしれないが、頻度や確率に円周率πも出てくることがあるのだ。

ここには、**ビュフォンの針**という有名な確率の問題が隠れている。

同じ間隔で引かれた直線の上に針を落とした時に、その針と直線が交わる確率は？という問題だ。「問題」と言われると、身構えてしまうかもしれないが、（人生を豊かに）楽しむための「問題」である。

実際に、このビュフォンの針の問題を計算する時には、**針の重心と針と、直線との角度に着目し、確率を求めるとその確率に円周率 π が出てくる**のである。細かい計算は次の絵を参照してほしい。

確率（頻度）といえば、1／2や1／3などの分数を思い浮かべるかもしれないが、1／π なども出てくるのが数学の奥深く面白いところだ。円周率だけでなく、ネピア数ｅ（自然対数の底）が確率に出てくることもある。

今回のペンとフローリングの縞模様だけでなく、ノートの上の消しゴムのカスと罫線、ボーダーの服についてしまったシミ、これらの確率も円周率と関係している。身近に円周率と関係した確率が隠れてい

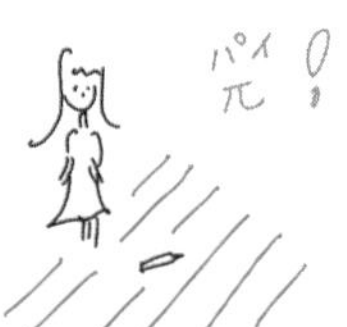

る。探してみてほしい。

■ビュフォンの針１

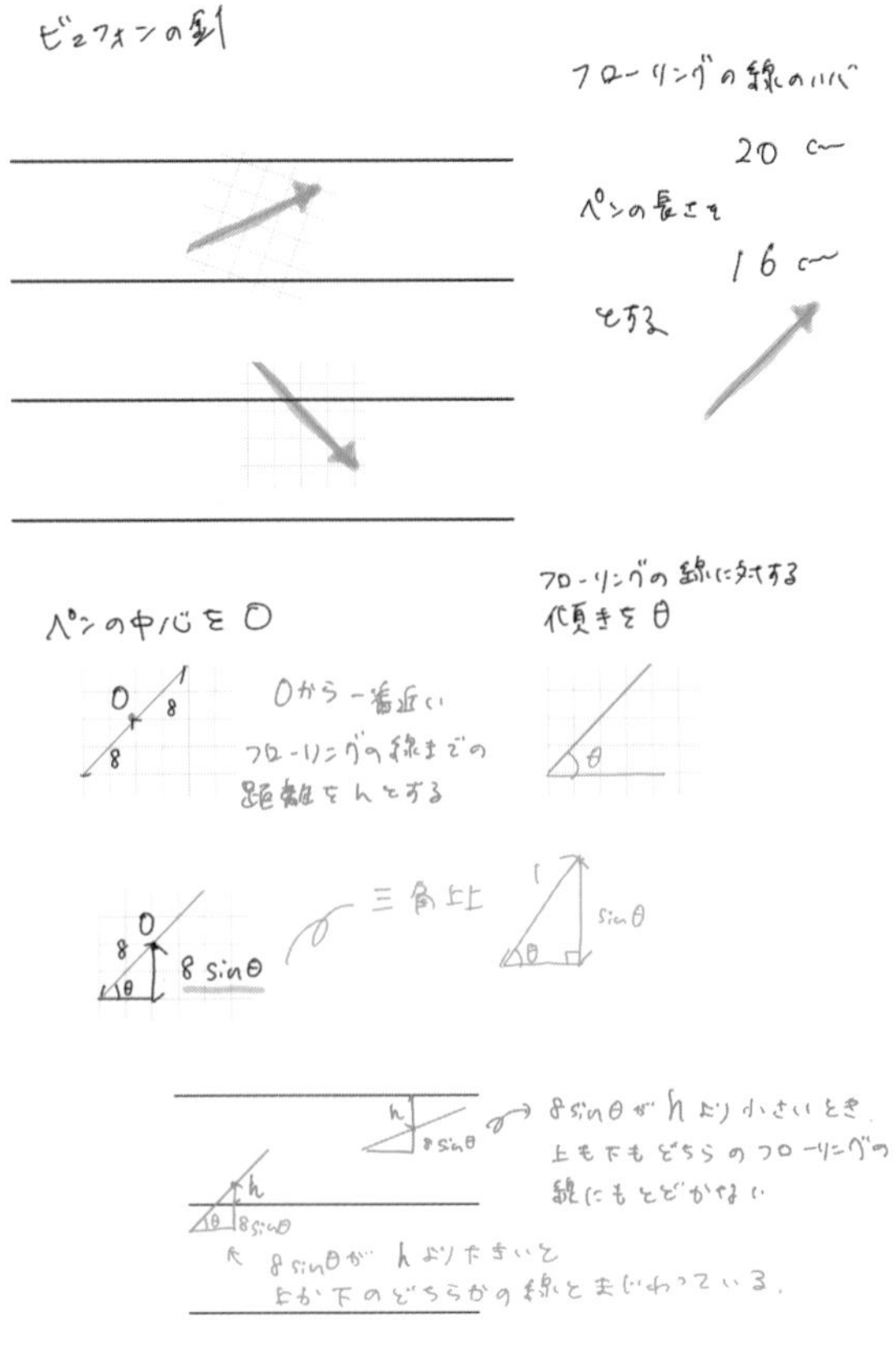
ビュフォンの針
フローリングの線のはば
20 cm
ペンの長さを
16 cm
とする
ペンの中心をO
O
8
8
Oから一番近い
フローリングの線までの
距離をhとする
フローリングの線に対する
傾きをθ
θ
O
8
θ
8 sinθ
三角比
1
sinθ
θ
h
8sinθ
8sinθがhより小さいとき
上も下もどちらのフローリングの
線にもとどかない
h
θ
8sinθ
8sinθがhより大きいと
上か下のどちらかの線とまじわっている.

■ビュフォンの針2

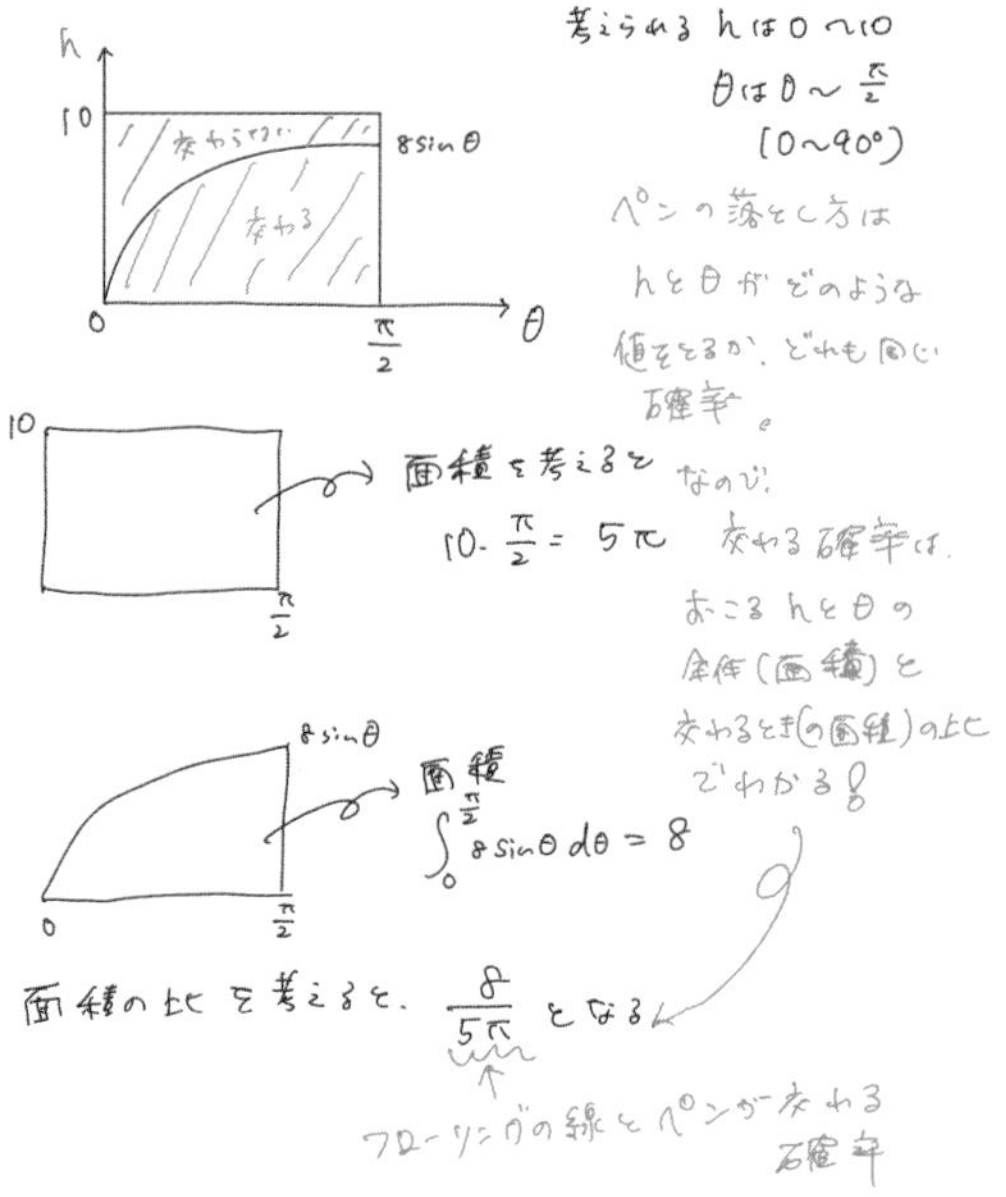
考えられる h は 0 〜 10
θ は 0 〜 $\frac{\pi}{2}$
(0〜90°)
ペンの落とし方は
h と θ がどのような
値をとるか、どれも同じ
確率。
なので、
交わる確率は、
おこる h と θ の
全体(面積)と
交わるとき(の面積)の比
でわかる!
h
10
交わらない
交わる
8sinθ
0
θ
$\frac{\pi}{2}$
面積を考えると
$10 \cdot \frac{\pi}{2} = 5\pi$
面積
$\int_0^{\frac{\pi}{2}} 8\sin\theta \, d\theta = 8$
面積の比を考えると、$\frac{8}{5\pi}$ となる
フローリングの線とペンが交わる確率

★ π, θ や sinθ、更に sinθ の積分も出てきていますが、少しでも様子が伝わると嬉しいです。

嶽村智子

STORY 4

花びらに潜んだ数学の神秘

【フィボナッチ数列】

あなたは次の数の並び（このように数を並べたものを数列という）をご存じだろうか？

1，1，2，3，5，8，13，21，34，55，89，144，233，……

これは**フィボナッチ数列**と呼ばれる有名な数列で、**隣り合う2つの数字を足すと、その次の数になる**、というルールで数字を並べたものである。この数列の中に出てくる数

■フィボナッチ数列

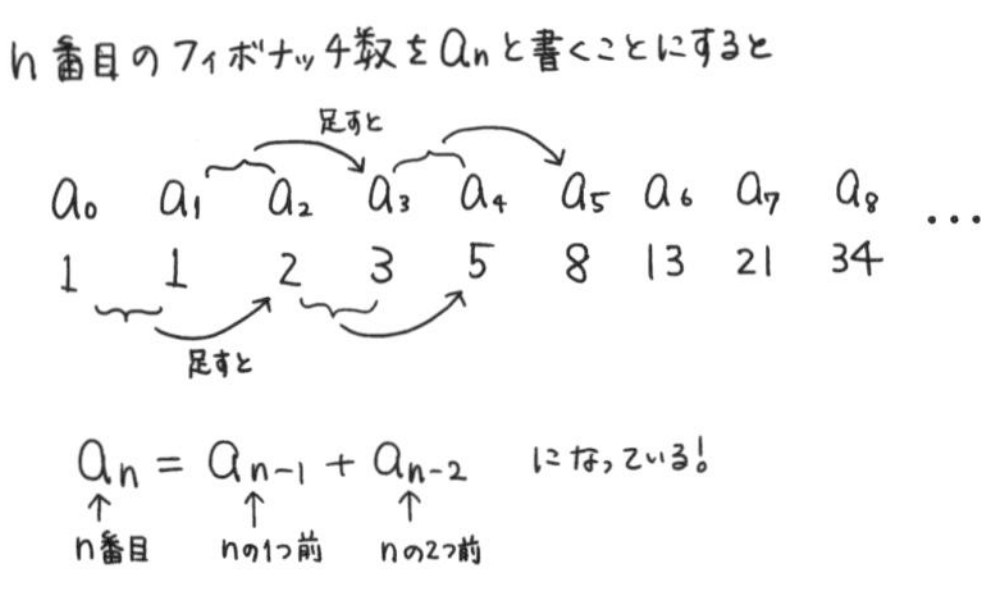

n番目のフィボナッチ数を a_n と書くことにすると
足すと
a_0 a_1 a_2 a_3 a_4 a_5 a_6 a_7 a_8 …
1 1 2 3 5 8 13 21 34
足すと
$a_n = a_{n-1} + a_{n-2}$ になっている！
n番目
nの1つ前
nの2つ前

字をフィボナッチ数という。

フィボナッチ数列、というとウサギのつがいと関係があったような？　と朧気ながらに覚えている人もいるかもしれない。実際、フィボナッチ（イタリアの数学者）の1200年ごろの著書の中に「初めに1つがいの子ウサギがいて、1か月後に大人になり、2か月後にメスは1つがいの子ウサギを産むとする。大人のメスは毎月1つがいの子ウサギを産み、子ウサギは2か月後から1つがいの子ウサギを産むというルールのもと（ウサギは死なないものとする）、1年後にウサギのつがいは何組になっているだろうか？」という問題があり、そこにフィボナッチ数が登場するのだ。

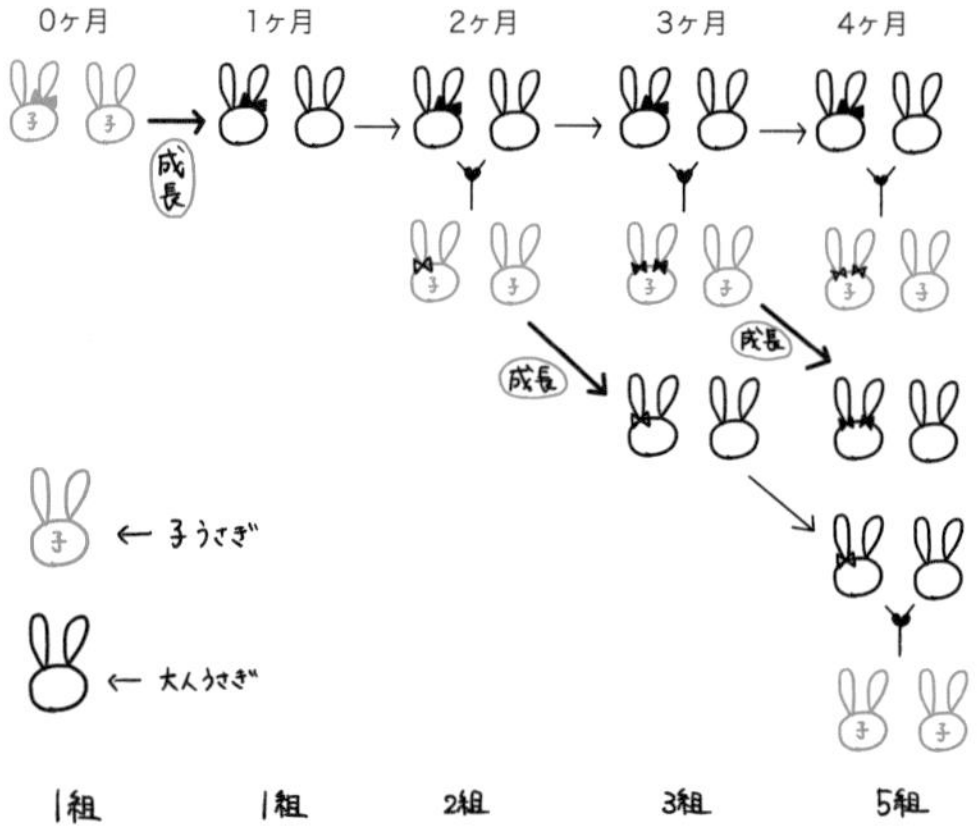

ちなみにこの問題の答えは13番目のフィボナッチ数、はじめの数列の最後に書いてある233である。

実はこのフィボナッチ数、私たちの身の回りのいたるところに隠れていて、生活に彩りを与えているのだ。

例えば**花の花弁の数**。アヤメやムラサキツユクサの花弁は3枚、桜やキキョウの花弁は5枚、コスモスの花弁は8枚であり、いずれもすぐわかる通りフィボナッチ数と一致している。とはいえ、3や5は素数でもあるし、これらの例だけでは花びらの数をフィボナッチ数として見るのは少々強引な気がする。しかし、「**ヒナギクなどのキク科の植物の花弁は13、34、55、89枚の物が多い**」という例を知ってしまうと、確かに花の中には花弁の数がフィボナッチ数と関係しているものがあるのだろうな、と思わざるを得ない。

■花びらの数とフィボナッチ数

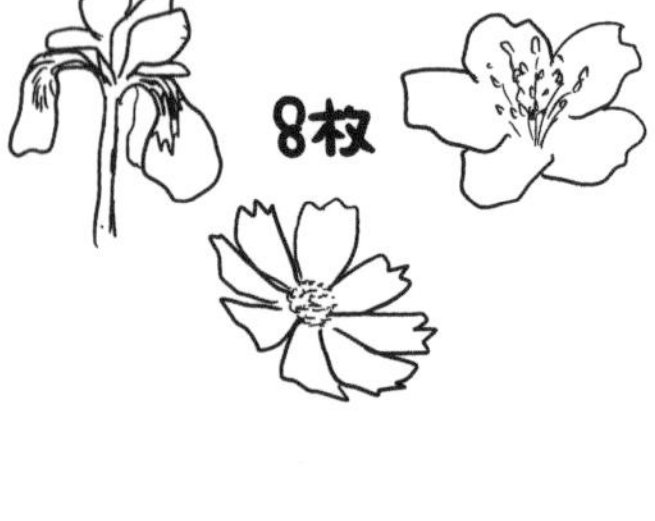

日々の生活に追われていると改めて花を愛でる機会は少ないが、たまに街角で綺麗な花を目にしたり、花屋さんの前を通って色とりどりの花を目にしたりすると癒されるし、ちょっと幸せな気持ちになる。そして、その可憐な、綺麗な形が数学の世界とフィボナッチ数という概念でつながっていると思うと、数学って案外身近なところに隠れているのだな、という気にならないだろうか？　忙しさの中にも、日々そんな小さな幸せ、発見を感じられるくらいの心の余裕はもちたいなと思う。

例として紹介するのが後回しになってしまったが、ヒマワリの種や松ぼっくりの笠の配列にフィボナッチ数が隠れているというのは割と有名な話である。ほかにもパイナップルの皮、植物の葉や枝、茎、オウムガイなどの巻貝にもフィボナッチ数が現れる。なぜこれほどまでに自然界にフィボナッチ数が登場するのだろうか？　その1つの種明かしとしてフィボナッチ数列が作り出す図形、フィボナッチらせんをお見せしよう。

■フィボナッチらせん

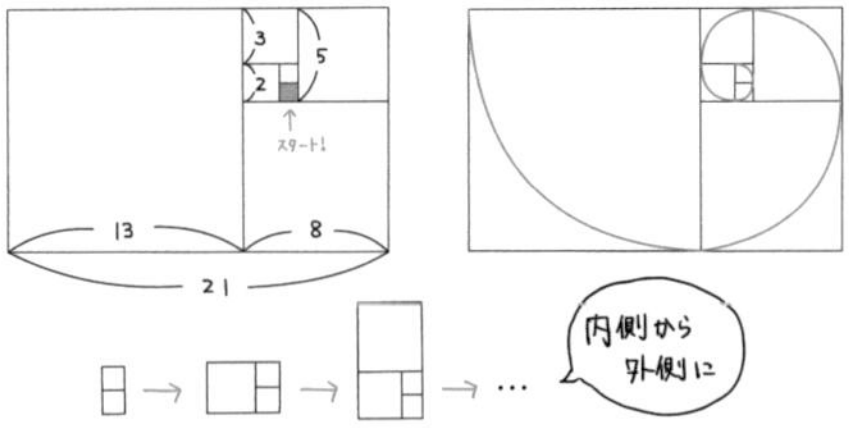

この図形、どこかで見覚えがないだろうか。そう、まるで黄金比のところで出てきた黄金長方形と黄金らせんのように見える。しかし、全く同じというわけではない。黄金らせんが、黄金長方形から作図をし始めたのに対し、**この長方形（フィボナッチ長方形と呼ぶことにしよう）は一辺が1の正方形（1つ目のフィボナッチ数1に対応）を中心に外側に向かって作図**をしていくのだ。

似ているように見えるのだけれどな……少しモヤモヤ感を残したまま敢えて話を進めるが、いずれにしろ、このフィボナッチ長方形から描かれたらせんが、ヒマワリの種や松ぼっくりの笠の配列、オウムガイの貝殻に隠れており、実際にらせんの本数としてフィボナッチ数が現れる。そしてこの現象は、**生物が生き残るための最適な条件を求めた結果**らしい。

例えばヒマワリは、円形の中にできるだけ多くの種を敷き詰めるために中心の種から約

137.5°に次の種を配置する……ということを繰り返すことでこのような配置になるのだ。ではこの角度はどこから来るのか？　実は、この約137.5°というのは円周を黄金比で分割したときの小さい方の角度である。

え、黄金比?!　そう、フィボナッチ数列と黄金比は密接に関わり合っており、それが、2つのらせんがほぼ同じように見えたことに関係している。実は**隣り合うフィボナッチ数の比をとってみると、そこには黄金比が現れる**のだ！

下の図にはフィボナッチ数の数列と、隣り合うフィボナッチ数の比を上下に分けて交互に書いてみた。初めの方は例外として、隣り合うフィボナッチ数の比がだいたい1・6に近い値になっているのがお分かりいただけると思う。前にも見たように黄金比の元になる数φは1・618034……という無限に続く循環しない小数であり、

■黄金比とフィボナッチ

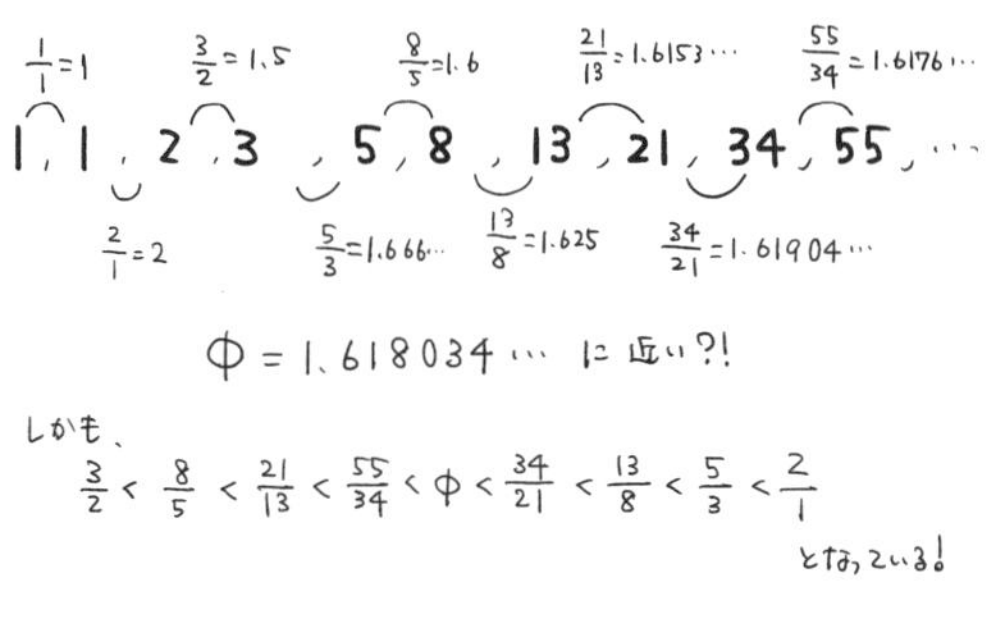

実際にどんどん大きいフィボナッチ数を考え、その隣り合う比を計算してみると、限りなくφに近づいていくのだ。

特に上の部分だけを見ていくと、比の値が小さい方からφに近づいていく様子がわかるし、下の部分だけを見ると、大きい方からφに近づいていくことがわかる。これは理論的にも保証されているのだがここでは割愛しよう。

話を黄金らせんとフィボナッチ数列から作図するらせんに戻そう。この隣り合うフィボナッチ数の比がどんどんφに近づいていくことこそが、2つの図形が同じように見えたからくりである。

繰り返しになるが、左側のフィボナッチ長方形は初めに1辺が1の正方形2つから始まり、どんどん外側にフィボナッチ数を1辺とする正方形を書き加えて作図する。逆に黄金長方形は、はじめに、辺の長さが1：φの長方形があり、その長辺を1：

■フィボナッチ長方形と黄金長方形

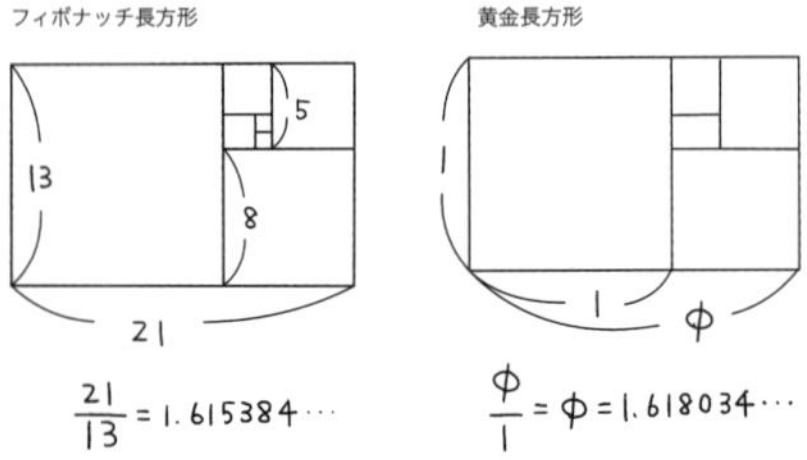

1－φに分ける作業を続けることでらせんを作図するのであった。しかし、隣り合うフィボナッチ数の比はほぼφに近かったので、別の見方をすれば、フィボナッチ長方形の長辺も黄金比に近い比率で分けられている、と見ることができるのだ。

ここまで生物界とフィボナッチ数列の関係について紹介してきたが、実はフィボナッチ数列が現れるのは生物界だけではない。私の周りには、コロナ禍での運動不足で、なるべく階段を使うようになったという友人が何人かいるのだが、その階段の上り方にもフィボナッチ数が隠れている。

n段の階段を上る上り方は何通りあるか？ という問題を考えてみよう。ただし、階段は一度に1段もしくは2段上ることにする。

■階段

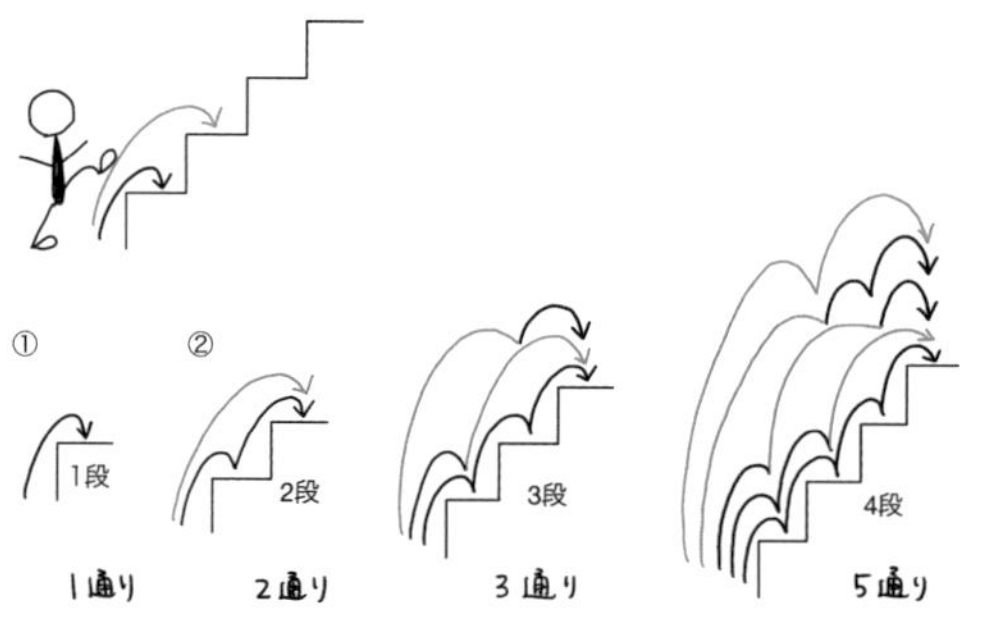

まず、すぐにわかるのは1段の階段を上る上り方は1通りしかないということである。では2段の階段を上る上り方は何通りあるだろうか？

2段の階段は1段ずつ上ってもいいし、一度に2段上ってもよいので2通りということになる。同様に3段、4段の階段の場合にも考えてみると、「階段」の図からわかるようにそれぞれ3通り、5通りだということがわかる。

一方で、3段の階段を上るときに次のような考え方もできる。1段上ったところから考えると残りは2段なので「階段」の図の②の場合を考えて2通り、2段上ったところから考えると、残りは1段なので①の

■フィボナッチ数列と階段

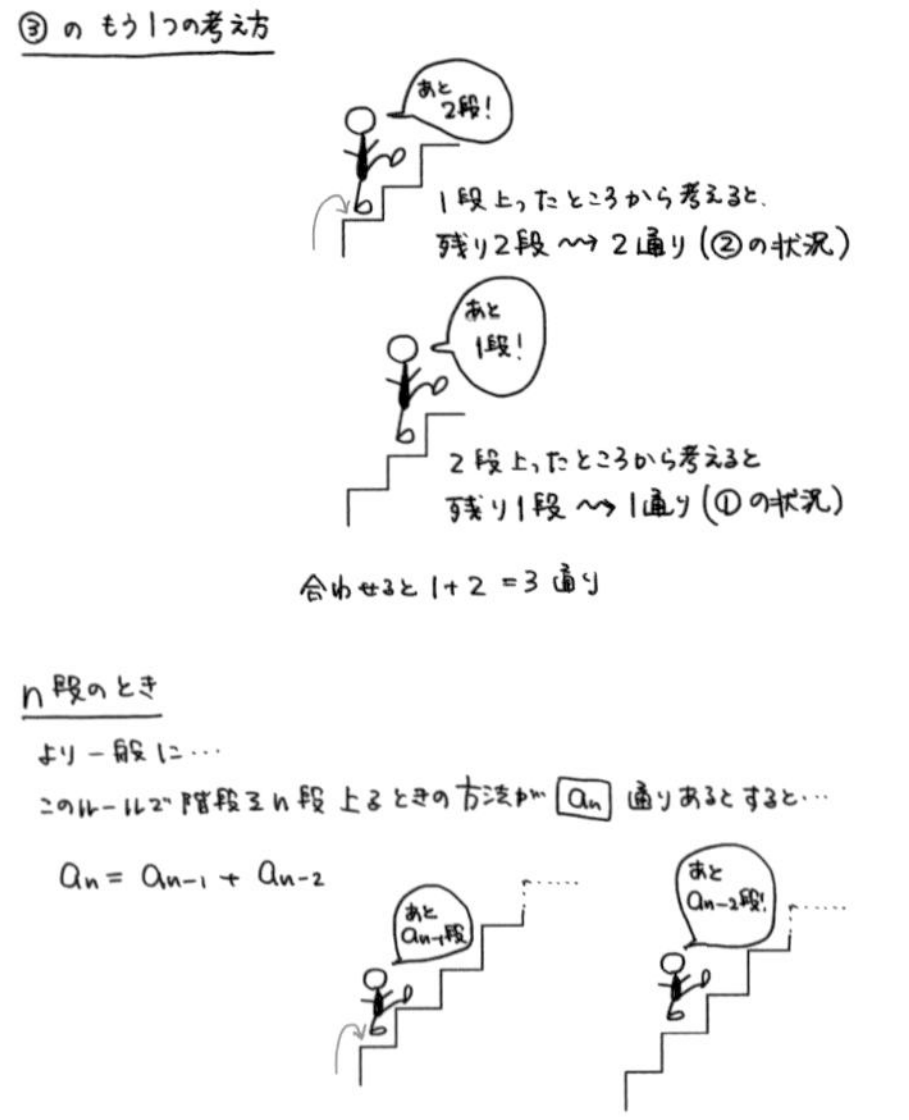
③のもう1つの考え方
あと2段!
1段上ったところから考えると、
残り2段 ⇝ 2通り（②の状況）
あと1段!
2段上ったところから考えると
残り1段 ⇝ 1通り（①の状況）
合わせると 1+2 = 3通り
n段のとき
より一般に…
このルールで階段をn段上るときの方法が a_n 通りあるとすると…
$a_n = a_{n-1} + a_{n-2}$
あと a_{n-1}段
あと a_{n-2}段!

場合を考えて1通りとなり、両方合わせると全部で3通りという答えが得られるのだ。これはn段の階段を上るときにもそのまま応用でき、そこには、初めに紹介したフィボナッチ数列の式そのものが現れる。

一部しか紹介していないが、身近に隠れている黄金比やフィボナッチ数列は深く広い数学の世界で関係し合っており、そこに美しさや生物が生きていくための合理的な法則があるというのは神秘的に思えないだろうか？ きっとまだまだ社会の中にフィボナッチ数が隠れているはず。あなたもフィボナッチ数探しをすればただの移動時間が少し楽しくなるかも？

酒井祐貴子

STORY 5

推しのグッズをゲットする

【クーポンコレクター問題】

好きなキャラクターやアイドルグループのグッズを集めるときに使える、数学の話をしようと思う。

例えば、5人グループのキャラクターのファンで、5人のキャラクターのうち、どのキャラクターが出てくるのかわからないグッズがあるとする。その時に自分の推しのキャラクターをゲットしたい！ というより、推しのキャラクターが出るまで買うぞ！ という場合、何回くらい買うことを想定していたら良いだろうか。

5人のグッズ（5種類）が均等に混ざってたくさんあるところから、順番に購入していくことを考えていこう。

まず初めに、推しが5人中1人とする。その目当ての1人のグッズをゲットしたい！とする。この時どれくらい購入することを想定していたら良いか。

1回目に推しをゲットする確率は1／5

2回目にやっと推しをゲットする確率は4／25

3回目にやっと推しをゲットする確率は16／125

…

と計算していくこと

■推しが1人のとき

キャラクター

A B C D E

のうち Aが私の推しのとき

1回目で推しをゲット　$\frac{1}{5}$

2回目で 〃　$\frac{4}{5}\times\frac{1}{5}=\frac{4}{25}$

（$\frac{1}{5}$ ← 2回目で推しゲット！）

（$\frac{4}{5}$ ← 1回目で推し以外）

3回目で 〃　$\frac{4}{5}\times\frac{4}{5}\times\frac{1}{5}=\frac{16}{125}$

（$\frac{4}{5}\times\frac{4}{5}$ ← 1回目と2回目で推し以外）

4回目で 〃　$\left(\frac{4}{5}\right)^3\times\frac{1}{5}$

5回目で 〃　$\left(\frac{4}{5}\right)^4\times\frac{1}{5}$

ここから

2回目までに推しをゲットできるのは、$\frac{1}{5}+\frac{4}{25}=36\%$

3 〃　$\frac{1}{5}+\frac{4}{25}+\frac{16}{125}=48.8\%$

4 〃　$\frac{1}{5}+\frac{4}{25}+\frac{16}{125}+\left(\frac{4}{5}\right)^3\times\frac{1}{5}=59\%$

5 〃　$\frac{1}{5}+\frac{4}{25}+\frac{16}{125}+\left(\frac{4}{5}\right)^3\times\frac{1}{5}+\left(\frac{4}{5}\right)^4\times\frac{1}{5}=67\%$

ができる。

これを元に考えると、2回目までにゲットする確率は36%、3回目までにゲットできる確率は48・8%、4回までに59%、5回目までにゲットできるのは67%。

天気予報の降水確率と同じで、この確率を目安にグッズをいくつ買う必要があるか心づもりしておく目安にしてみて♪

推しが5人中、2人の場合を考えてみよう。

その2人のどちらかがゲットできたら嬉しい！という時は、

■推しが２人のとき①

推しが 2人いるとき

Ⓐ Ⓑ C D E.

ⒶかⒷのどちらかがゲットできればhappy.

1回目で推しの一人をゲット $\frac{2}{5}$

2回目で 〃 $\frac{3}{5}\times\frac{2}{5}$

↑1回目で推し以外

3回目で 〃 $\frac{3}{5}\times\frac{3}{5}\times\frac{2}{5}$

↑1回目と2回目で推し以外

2回目までに推しのどちらかをゲットできるのは $\frac{2}{5}+\frac{6}{25}=64\%$

3 〃 $\frac{2}{5}+\frac{6}{25}+\frac{18}{125}=78\%$

4 〃 $\frac{2}{5}+\frac{6}{25}+\frac{18}{125}+\frac{3^3\cdot 2}{5^4}=87\%$

5 〃 92%

1回目に推しのどちらかをゲットする確率 2／5
2回目にやっと推しのどちらかをゲットする確率 6／25
3回目にやっと推しのどちらかをゲットする確率 18／125
…
上と同じように、
2回目までに推しの2人のうち1人をゲットする確率は64%、3回目までにゲットできる確率は78%、4回までに87%、5回目までにゲットできるのは92%。
推しが2人いて、1人でもゲットできれば良い時の方が、推しが1人の時よりかなり早くにゲットできることがわかる。

推しが2人いて、その2人のどちらもゲットしたい！時はどうだろうか。
1回目で2人ともゲットすることはできないので、2回目以降で2人が揃うことを考える。
2回目に2人ともゲットする確率は、2／25
3回目にやっと2人揃う確率は、14／125

■推しが２人のとき②

推しが2人いて、2人ともゲットしたい!

♡A ♡B CDEとき、推しじゃないC,D,Eを◇とかくことにする。

●2回目で推しの2人をゲットできる

1回目 ♡A 2回目 ♡B or 1回目 ♡B 2回目 ♡A のどちらか。 $\frac{1}{5}\times\frac{1}{5}\times2=\frac{2}{25}$

●3回目で推しの2人をゲットできる

1回目	2回目	3回目
◇	♡A	♡B
◇	♡B	♡A
♡A	◇	♡B
♡A	♡A	♡B
♡B	◇	♡A
♡B	♡B	♡A

なので、

$$\frac{3}{5}\times\frac{1}{5}\times\frac{1}{5}\times4+\frac{1}{5}\times\frac{1}{5}\times\frac{1}{5}\times2=\frac{14}{125}$$

●4回目で推しの2人をゲットできる

1回目	2回目	3回目	4回目
◇			

2回目〜4回目：3回目で推しを2人ゲットするときと同じ

1回目	2回目	3回目	4回目
♡A	◇	◇	♡B
♡A			♡B

3回目で推しを2人ゲットする ただし3回目で♡Bをゲットときと同じ

1回目	2回目	3回目	4回目
♡B	◇	◇	♡A
♡B			♡A

3回目で推しを2人ゲットする ただし3回目で♡Aをゲットするときと同じ

$$\frac{3}{5}\times\frac{14}{125}+\left(\frac{1}{5}\right)^2\times\left(\frac{3}{5}\right)^2+\frac{1}{5}\times\frac{14}{125}\times\frac{1}{2}+\left(\frac{1}{5}\right)^2\times\left(\frac{3}{5}\right)^2+\frac{1}{5}\times\frac{14}{125}\times\frac{1}{2}=\frac{74}{625}$$

5回目以降は $\frac{4}{5}\times\frac{74}{625}+\left(\frac{1}{5}\right)^2\times\left(\frac{3}{5}\right)^3\times2$ ・・・と計算できる!

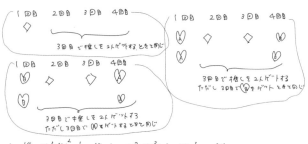

4回目にやっと2人揃う確率は、74／625

…

3回目までに2人揃う確率は19・2％、4回目まで31％、5回目で2人揃う確率は42・2％、6回目で2人揃う確率は52・2％、7回目で2人揃う確率は60・8％。

計算は、複雑だけど、中学と高校の時に勉強していた確率を使うと計算できることがわかってもらえると嬉しい。

最後にキャラクター5人全員を集めたい！とする。

5人全員分を集めたいとき

5回目で全員揃う確率は、24／625

6回目で全員揃う確率は、48／625

7回目で全員揃う確率は、312／3125

8回目で全員揃う確率は、8352／78125

‥

6回目までで揃う確率は、12%、7回目までに揃う確率は22%、8回目までに揃う確率は32%……8回目までの確率を見て、計算がかなり大変そうな感じは伝わったかと思う。

しかし、確率の幾何分布・ファーストサクセス分布とよばれる分布の性質を用いると、この大変な計算も求めやすくなる。ここでは、最後に簡単に結果だけを紹介しておく。

5人全員を集めたい時に購入する数の平均は、137／12つまり約11回となる。

■推しが5人のとき①

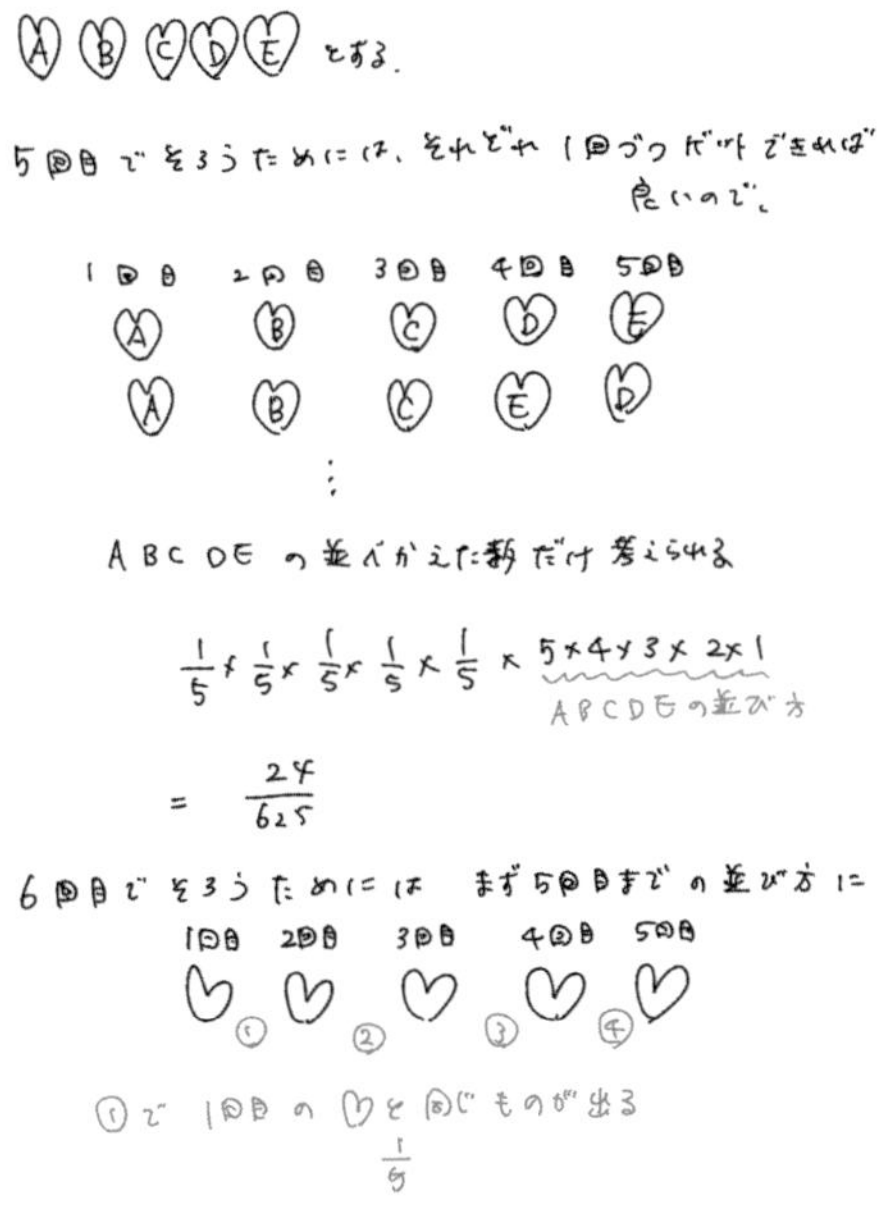

■推しが5人のとき②

③ 1回目と2回目と3回目の♡と同じものが出る $\frac{3}{5}$

④ 1回目と2回目と3回目の♡と同じものが出る $\frac{4}{5}$

を考えると、

$$\frac{24}{625}\times\left(\frac{1}{5}+\frac{2}{5}+\frac{3}{5}+\frac{4}{5}\right)=\frac{48}{625}$$

7回目でそろうためには、上の5回目までの並び方に、

①〜④のどれかひとつでそれまで出ている♡が2回つづけて出るか

①〜④のうち2つでそれまで出ている♡が1回ずつ出る。

と考えて、

$$\frac{24}{625}\times\left\{\left(\frac{1}{5}\right)^2+\left(\frac{2}{5}\right)^2+\left(\frac{3}{5}\right)^2+\left(\frac{4}{5}\right)^2+\left(\frac{1}{5}\right)\left(\frac{2}{5}+\frac{3}{5}+\frac{4}{5}\right)+\left(\frac{2}{5}\right)\left(\frac{3}{5}+\frac{4}{5}\right)+\frac{3}{5}\cdot\frac{4}{5}\right\}$$

……

■推しがn人全員のとき

n人のグッズを全部あつめたいとき平均して

$$\frac{n}{n}+\frac{n}{n-1}+\frac{n}{n-2}+\cdots+\frac{n}{1}$$

だけ購入する必要があると考えておくとOK!

N人のグッズの場合には、右のように計算できる。この様な問題はクーポンコレクター問題とよばれている。推しのグッズを購入するときの指標にしてもらえると嬉しい。

嶽村智子

STORY 6

何通り知ってる？ ネクタイの結び方

街でネクタイ姿の人々とすれ違う際、首元の結び目を見て、それぞれの結び方の違いや名前を当てられるだろうか？
普段ネクタイをする人でないと、そもそもネクタイの結び方が何通りもあること自体を知らないかもしれない。

代表的な結び方をいくつか紹介しよう。名前に共通している「ノット（knot）」は「結び目」という意味で、首元の結び目の形や大きさに注目してもらいたい。

●プレーンノット（フォア・イン・ハンド）

ネクタイの結び方としては最も古く、一番基本的な結び方。結び目が左右非対称になり、そのわずかなバランスの崩れに趣があるとされている。

●ダブルノット
プレーンノットに一巻き加えた結び方で、少し大きい縦長の結び目ができる。

●ウィンザーノット
ふっくらとボリュームがある、左右対称な逆三角形の結び目ができる。

●セミウィンザーノット
ウィンザーノットの3／4の大きさの左右対称な逆

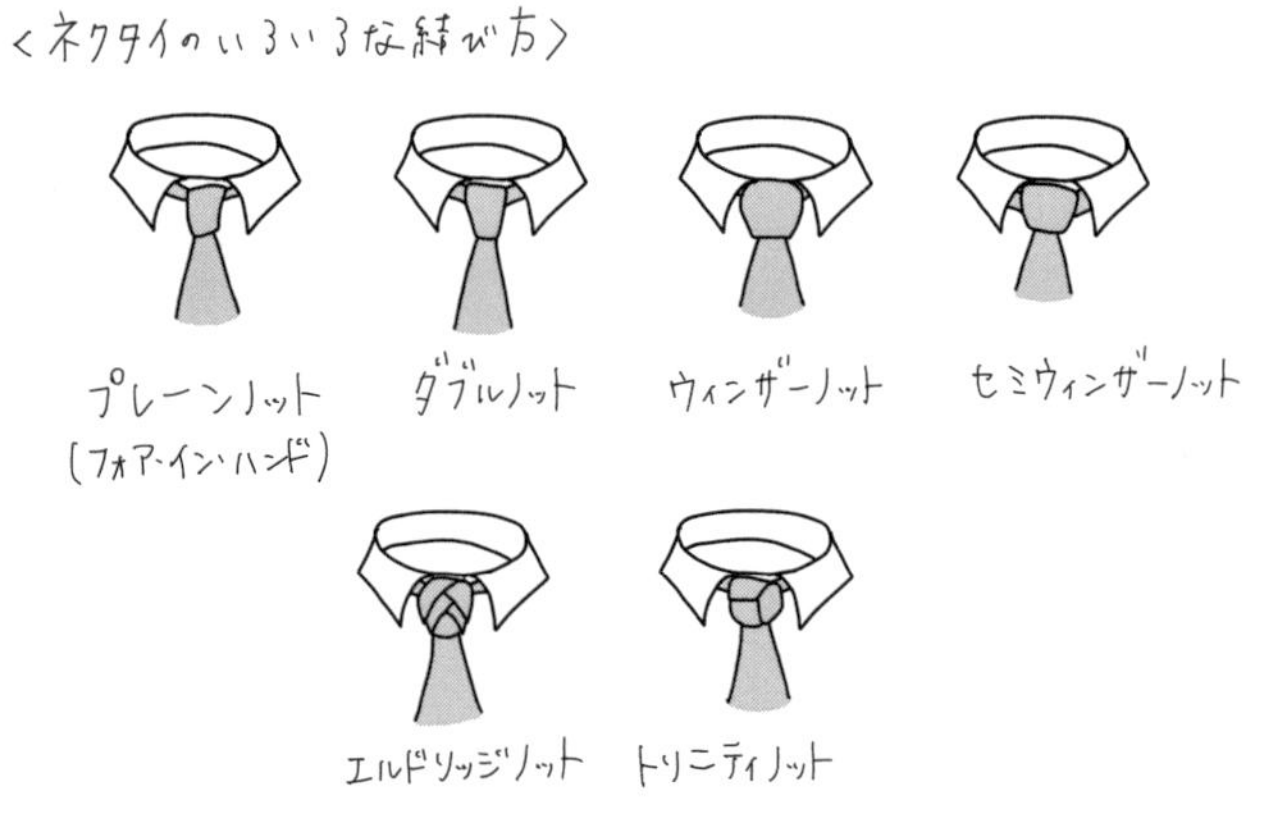

三角形の結び目ができる。

他にも、編み込んだように見える「エルドリッジノット」や、3重の結び目が美しい「トリニティノット」などもある。このような、普段あまり見かけないであろう結び方も含めると、ネクタイの結び方は一体何通りあるだろう？

この問いについては、『ネクタイの数学―ケンブリッジのダンディな物理学者たち―』において、ケンブリッジ大学の物理学者トマス・フィンクとヨン・マオが85通りであることを示している（ただし、ここでは通常の長さのネクタイを使って、首に巻く部分と両端の垂れる部分に余裕があるような、現実的な結び方について考えている。もちろん、なが～いネクタイを作って、ぐるぐるぐると巻く数を増やせば、さらに多くの結び方を考えられることに注意したい）。

そして彼らは、通常の長さのネクタイで理論上考えられる85通りの結び方のうち、美的基準をクリアした13通りを推薦している。

ちなみに美的基準としては、結ぶ際にどこを通すかという移動の対称性とバランスを考慮しているらしい。ネクタイをする方は、ぜひ、その日の気分で13通りの結び方を楽しんでいただきたい。


ネクタイの他にも、紐などを結ぶ機会は日常生活にたくさんある。

靴紐や、裏表の違いがないリボンを結ぶ時は普通の「ちょうちょ結び」で問題ないのだが、裏表の柄や色が異なるリボンだと、リボンの同じ面だけを出すように結ぶのには一手間必要だ。

違いは、次の図を見てもらうとわかる通り、⑥の時にそのまま真ん中の輪に通すか、余計に一周巻きつけてから輪に通すかにある。

結び方を知っていれば、ほんの一手間で綺麗にリボンを結べるので、ぜひ覚えておいてもらいたい。

<リボンの結び方>

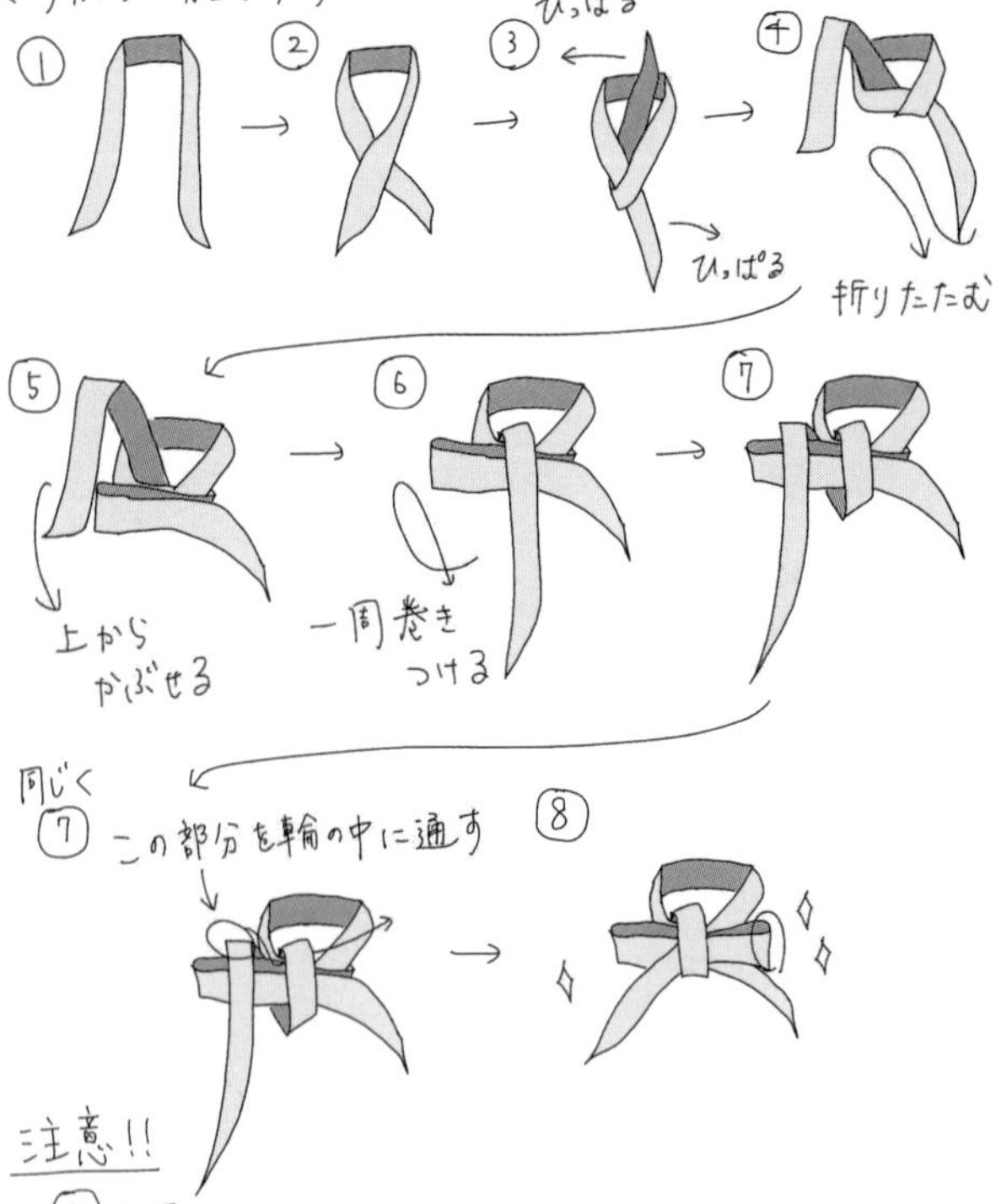

注意!!

⑥にて
一周巻きつけずにそのまま通すと　　裏面の色が出てしまう

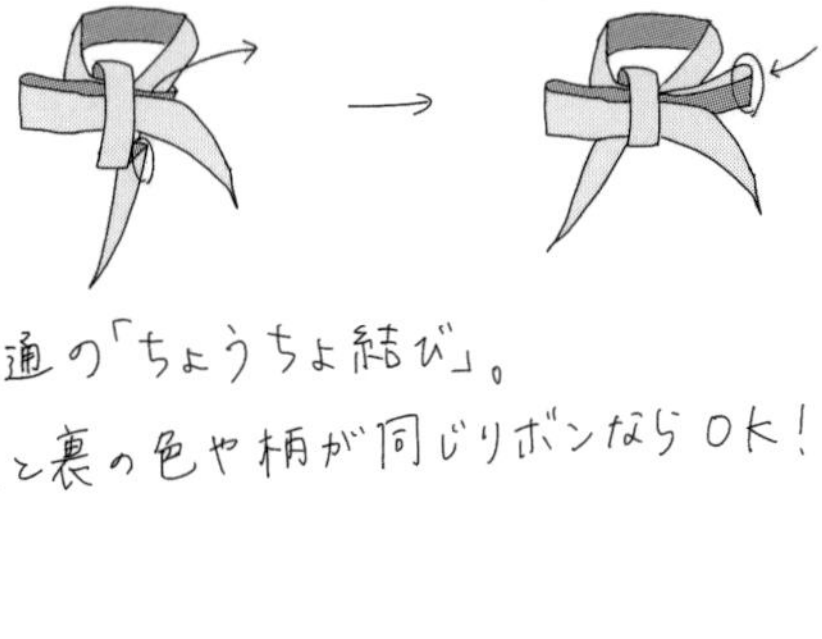

＝普通の「ちょうちょ結び」。
表と裏の色や柄が同じリボンならOK!

ところで、ネクタイやリボンの結び方と数学に、一体どんな関係があるのかと不思議に思った方がいるかもしれない。けれど、結び目と数学は深い絆で繋がっているのだ。

ここで、日常の生活で結び方を考える時と、数学において結び目を扱う時の違いを考えよう。

先ほどのリボンの結び方①から⑧を見ると、それぞれの状況において、両端が解けていたり、結ぶ途中の段階であったりすると、どの状態を「結び目」と呼んで良いのか判断が難しい。

そこで、この曖昧さを排除するため、「結び目理論」として結び目を数学的に扱う際は、両端を閉じて輪っかにした状態を結び目と考えることにする。

例えば、ちょうちょ結びをした紐の両端を閉じて輪っかにした結び目は、図のように変形して余分な交点をなくすと、クローバーのような形の3交点の結び目になる。

これを「三葉《さんよう》結び目」と言う。この後、10話や13話での結び目の話題にも登場するので、ぜひ覚えておいてもらいたい。

結び目理論は、現在活発に研究されている数学の一分野で、物理学や化学、生物学など様々な分野に応用されている。例えば、自然界には大腸菌など、両端が閉じて輪っかになったＤＮＡを持つ生物が多数存在していて、このような環状ＤＮＡの研究にも結び目理論が使われているのだ。

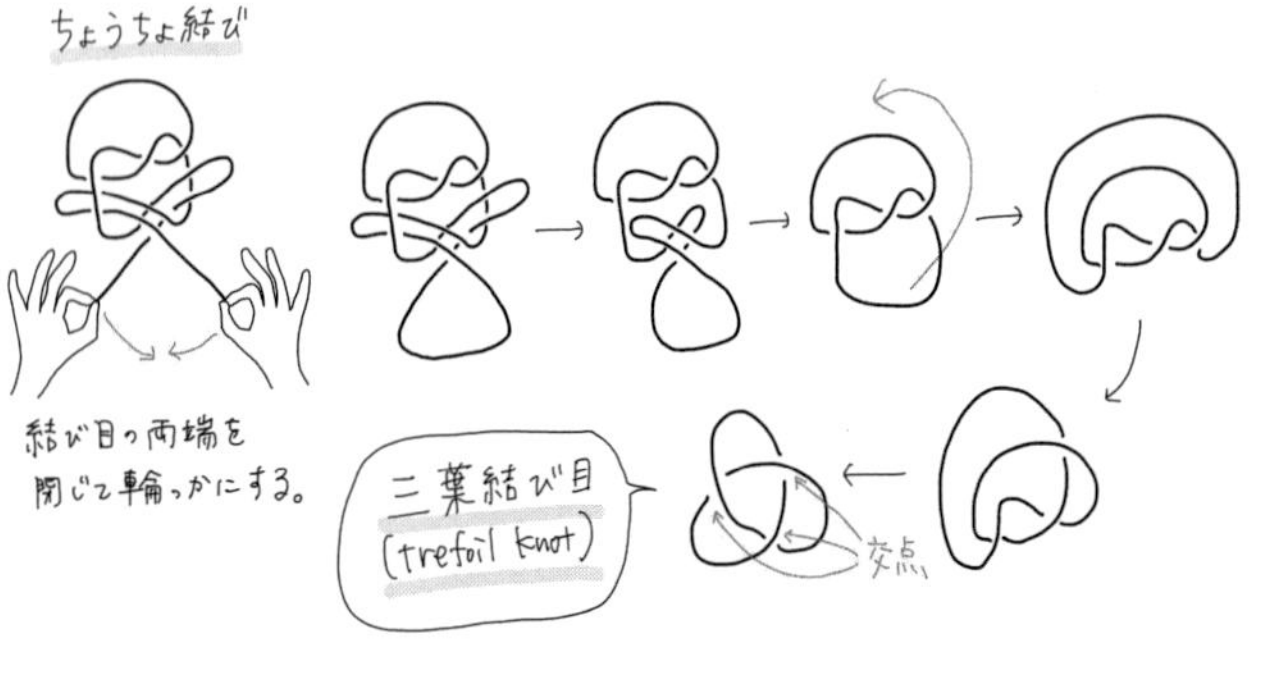

大山口菜都美

STORY 7

素数と生存競争

【素数ゼミ】

いったいどのタイミングで習ったのかわからない。でも、小さいころからなんとなく素数ゼミの存在を知っていた人も多いのではないだろうか。私もその一人だ。

「世の中には13年や17年ごとに大発生するセミがいるらしい。13も17も、1と自分自身以外の数では割り切れない素数だなんて確かに不思議だなぁ～」とは思ったものの、そのころの著者はそれ以上の疑問を抱くことなく大人になってしまった。

ただ、ちょっとだけなぜ？という気持ちが心の片隅に残っていたのだろうか。この本を書くにあたって、他の著者と本の内容を考えていた時、すぐに素数ゼミの存在が頭に浮かんだ。そして、少し調べてみると、著者が子どものころはまだ素数ゼミの謎は解明されておらず、その後、その謎を明らかにしたのが日本人研究者だったということが分かったのだ！

素数ゼミは、いわゆる私たちが知っている普通のセミとはだいぶ違うライフスタイルを送るセミのようだ。ここではその謎を簡単に紹介しようと思う。

まず、素数について復習をしておこう。先ほどもちらっと書いたが、**素数とは1と自分自身以外約数をもたない1より大きい整数**のことをいう。ちなみに約数とはある数を割り切ることができる整数のことだ。

1より大きい整数は、素数と、素数でない数（合成数）の2つに完全に分けることができ、素数でない数は必ず、素数のみを使った積（掛け

■素数と合成数

素数

（これ以上割り切れない）

2, 3, 5, 7, 11, 13, 17, 19, 23, 29, 31, 37, 41, 43, …

素数でない数(合成数)

（青字は素数だけの積になっている）

$4 = 2 \times 2 = 2^2$

$6 = 2 \times 3$

$8 = 2 \times 4 = 2 \times 2 \times 2 = 2^3$

$12 = 2 \times 6 = 3 \times 4 = 2 \times 2 \times 3 = 2^2 \times 3$

⋮

（見易いように、素数は小さい順に並べる）

算）で書き表すことができる。その素数のみを使った積の形を素因数分解といい、前ページの図のようにどの数も素因数分解でただ1通りに書き表せる。

例えば、12という数は2×6とか4×3など2つの整数の積として何通りかの書き方があるが、素数を小さい順に並べて素因数分解をすれば1通りに書くことができる。一方、13や17は素数なので1×（自分自身）という書き方しかできない。

そろそろ素数ゼミの話に移ろう。周期的に発生するセミのことを周期ゼミと呼ぶらしいが、アメリカには正確に13年ごと、17年ごとに大量発生するセミがおり、**13、17という素数に着目して素数ゼミ**と言われている。その素数ゼミの名づけの親で、何故13年と17年なのかを解明したのが、日本人の生物学者、吉村仁先生だ。これらのセミは正確に13年ごと、17年ごとに羽化する（地中にいたセミの幼虫が地上に出た後成虫になること）セミで、なぜ13年とか17年といった素数の周期をもつのかの謎を解くためには、氷河期まで時代を遡って考えなければいけないらしい。

そもそもセミは2億年以上前からこの世に存在したそうだ。ということは、多くの生物が絶滅したあの氷河期を生き延びたことになる。恐ろしい生命力！　その時にポイントになったのが、あのセミのライフスタイルだ。

素数ゼミに限らず、セミは一生のうちのほとんどを地中で過ごし、地上に出てからは1週間（長くても数週間）ほどで寿命を終えてしまう。地中にいる間は木の根から養分を摂り、脱皮をくり返しながら成長するが、素数ゼミの祖先は200万年前の氷河期に、地中での成長がその寒さによって遅くなり、10年以上も土の中で生活することになったと考えられている。

氷河期は多くの生物が絶滅の危機にさらされたが、北米には、暖流のそばであるという条件や、その地形の影響で一部あまり気温が下がらない場所があり、そのような限られた場所でセミは辛うじて生き残ったというのだ。

特にアメリカの北部では14～18年、南部では12～15年という長い間土の中で生活する素数ゼミの祖先が存在したらしい。

しかし、過酷な環境の中、何とか地中で生き延びても、地上に出てきて他の個体と出会い、生殖活動ができなければ当然のことながら絶滅してしまう。いかに効率よく子孫を残すか。それには、違う年にばらばらに羽化して、それから交尾の相手を見つけて子孫を残すよりも、同じ年に一斉に羽化して生殖活動を行った方が良い。そのような理由から北米の色々な場所で同じ種類のセミが大発生するようになったようだ。生物の進化ってすごい！　きっと何世代も超えて何とか氷河期を生き残るために辿り着いた方法なのだろう。

ここまでの話で、何故同じ年に同じ種類のセミが大発生するようになったかはなんとなくお伝え出来たと思うのだが、肝心の素数に関してまだ全く言及していなかった。それには**素数と最小公倍数**と概念が関係している。

最小公倍数というと、ちょっと難しく聞こえるかもしれないが、言葉はどうでもいい。ここではまず、違う種類の周期ゼミがある年に同じタイミングで大発生したとして、**次に同じタイミングで発生するのは何年先か？**ということを考えたい（実はその何年、という年が最小公倍数だ）。

「セミと最小公倍数」の図を見てほしい。

2年ごとに大発生するAセミと、4年ごとに大発生するCセミが、ある年同じタイミングで発生したとする。

すると、このAセミとCセミが次に同じタイミングで大発生するのは4年後だ。2年ごとに大発生するAセミと3年ごとに大発生するBセミが、次に同じタイミングで大発生するのは6年後、3年ごとに大発生するBセミと6年ごとに大発生するEセミも、1度同じタイミングで大発生すれば、次は6年後に同じタイミングで大発生することがわかるだろう。

■セミと最小公倍数

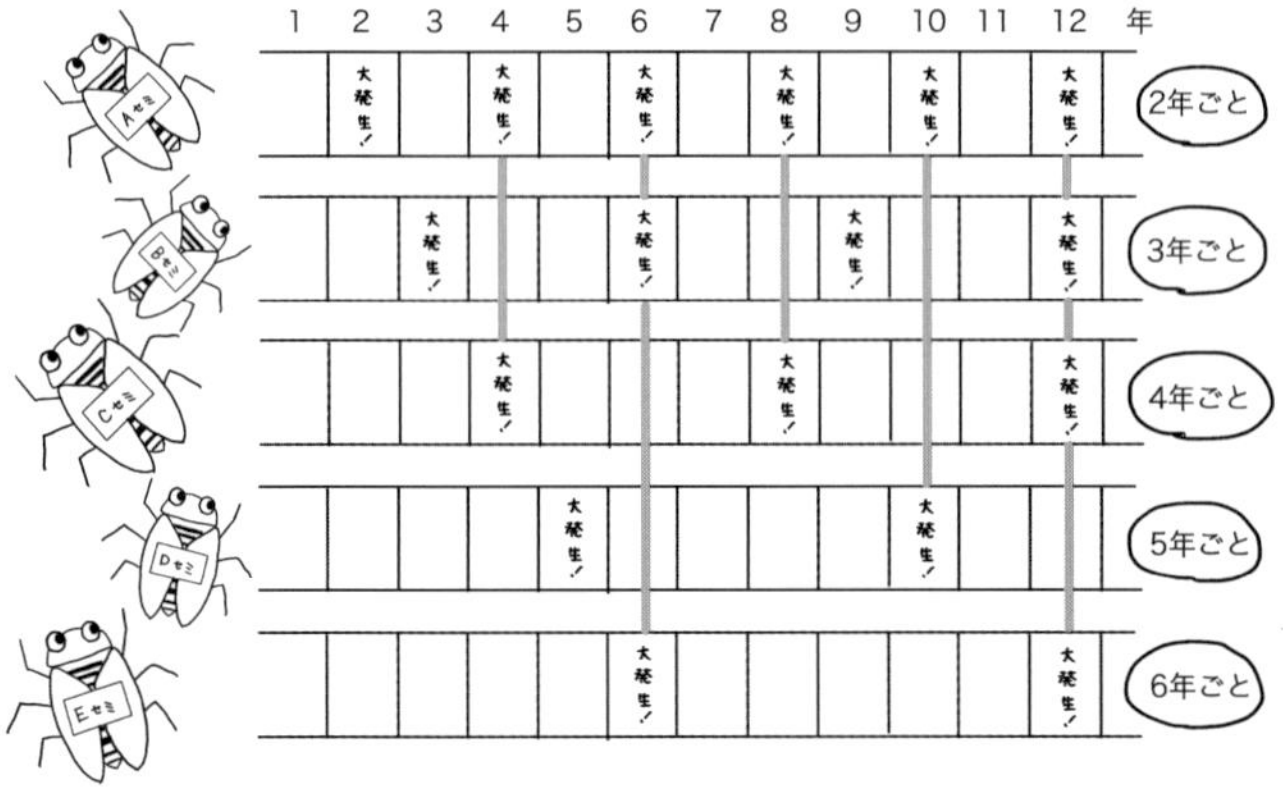

このように、**2つの数字に共通の約数があれば、次に同じタイミングで発生する時期は比較的早く到来**する。特に、2つのうち片方の数字がもう片方（大きい方の数字）の約数になっている場合は、次に同じタイミングで大発生するのは、大きい方の数字の年月だけ経たときである。

逆に、全く共通する約数がない場合は、2つの数字を掛け合わせた数が、次に同じタイミングでセミが大発生するタイミングとなる。

ここでやっと素数の登場だ。素数とは1と自分自身以外の約数をもたない数であった。よって、2種類の周期ゼミのうち、片方が素数である場合、次にこの2種類の周期ゼミが大発生するタイミングは、その2つの数を掛けた年を経たときになることがわかるのだ。

何度も大発生のタイミングが一致したほうが子孫を残せそうなの

	14年	15年	16年	17年	18年
17年	238年	255年	272年		306年
18年	126年	90年	144年	306年	

17と18は共通の約数をもたないので、17×18となり、数が大きくなる

に、と思うが、生物の世界はそんなに単純ではないらしい。同じタイミングで大発生すると、交雑する機会（違う種類のセミ同士が繁殖する）が生まれ、それにより新しく誕生した種の周期が乱れ、先に絶滅してしまうらしい。**13年や17年という周期をもつ素数ゼミは他の周期ゼミと同じタイミングで羽化する機会が少なかったために絶滅を逃れられた**というわけだ。

実際下の表からわかるように、17年ごとに大発生する素数ゼミと、18年ごとに大発生する周期ゼミ（18の約数は1，2，3，6，9，18）がアメリカ北部の他の周期ゼミと同じタイミングで大発生する周期を見てみると、その差は歴然だ。

このようにして素数ゼミが誕生したと言われているが、その生態には普通のセミと異なるところが沢山あるらしい。例えば、普通のセミは少しでも外敵から目立たない夜に木の上で羽化するが、素数ゼミは白昼でも構わず羽化する。大発生の際の数があまりに多いので、多少外敵にやられても、種としての存続は大丈夫、という感じなのであろうか。

また、普通のセミは環境によって地中で過ごす年月が変わったりするそうだが、素数ゼミの周期は遺伝子で決まっていると考えられており、実際、ぴったり13年と17年という周期で羽化する。

しかも、ある森で17年周期のセミが大発生したら、同じ森で別の年に17年ゼミの群れが出ることはなく、地中で種のすみ分けが明確になされているのだ。一生懸命生き残りをかけて進化してきた結果がこの著しい結果を招いたのだろうか。先祖たちの執念を感じる。


素数ゼミ含め、セミの生態には未だにきちんとは解明されていない部分が沢山あるらしい。著者は別に昆虫好きというわけでもない。人並みに小さいころはコオロギや鈴虫を飼ったり、セミの抜け殻をブローチにして遊んだりした、というレベルである。

しかし、素数ゼミについて書くにあたって色々と調べているうちに、ちょっと子どもの頃のようなワクワク感、好奇心がうずきだした。我々がよく見かけたり、鳴き声を聴いたりするのは東京ではせいぜい5、6種類のセミだが、日本には約30種類のセミがいるらしい。考えてみれば当たり前のことなのだが、セミの種類が違えば抜け殻も違うようで……次の夏は、抜け殻でセミの種類を見分けられるようになりたいな、部屋のカーテンでセミを羽化させてみようかな、なんて密かに企んでいる著者である。

STORY 7 素数と生存競争

酒井祐貴子

STORY 8

牛乳パックの切り開き方

【四面体タイル定理】

忙しい朝は、シリアルに牛乳をかけて、簡単に朝食をすます。ちょうど牛乳パックが空になったので、中身を洗って、切り開いて乾かして、リサイクルへ。

ここで、改めて牛乳パックを眺めてみよう。1ℓ（リットル）の牛乳パックのサイズは底面の部分が7cmの正方形で高さが19・4cmなので、容量は950・6mℓ（ミリリットル）と計算できる。

はて、1ℓ（＝1000mℓ）用のパックとすると、何かおかしいことに気づかないだろうか？

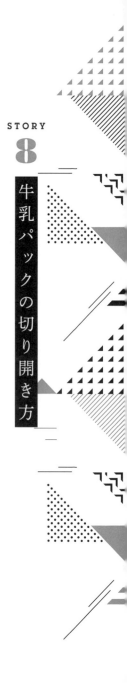

あれ……ちゃんと1ℓ入っているのかな？　と心配になって、牛乳会社へ問い合わせる方もいるそうだ。上の三角形の部分に頑張って入っているんだろうか……？

そのような心配は無用で、ちゃんと1ℓ入っている。紙パックに牛乳を入れると、牛乳の重量により側面の部分が圧力を受けて膨らみ、断面の形は正方形から円形に近づいていく。伸縮しない素材なので、まわりの長さはあまり変わらないのだが、まわりの長さが同じ場合は正方形より円の方が面積が大きくなるため、結果的に入る容量が増えるのだ。

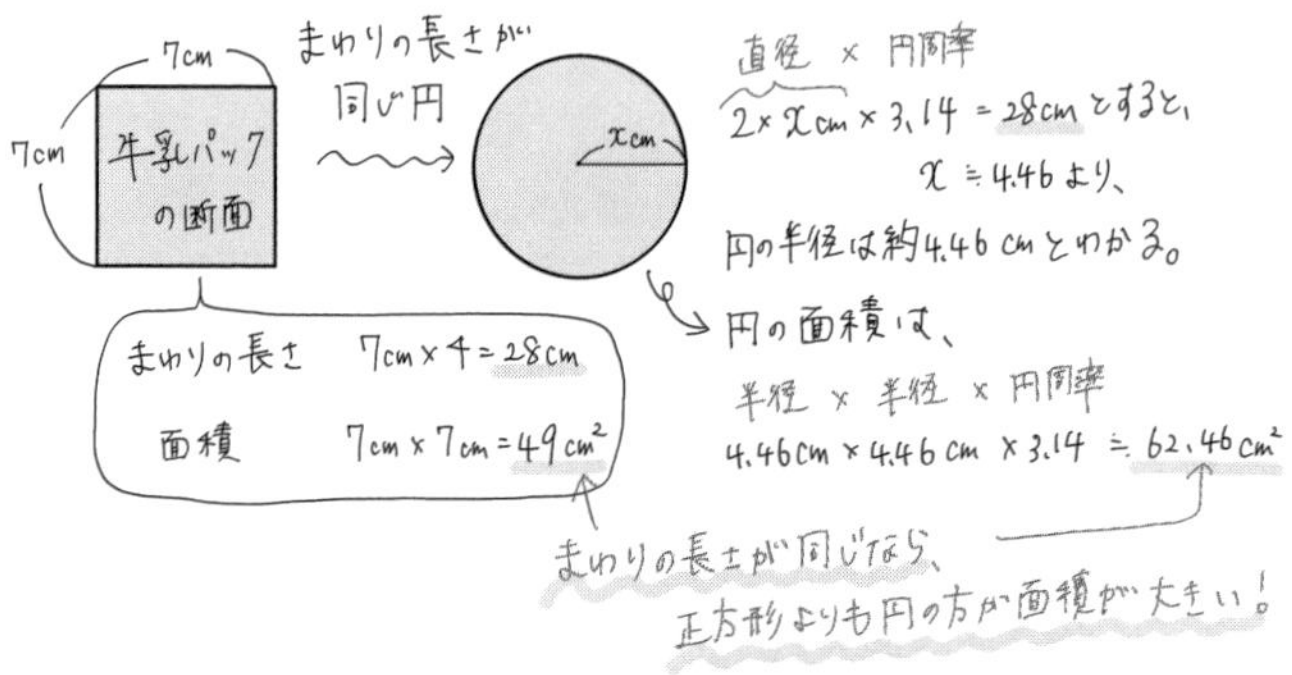

実際に、この膨らみを考慮して紙パックが小さめに作られているため、計算上は1ℓ入らなくても、牛乳を入れてみるとちゃんと1ℓおさまることがわかる。

そういえば、三角パック（正式にはテトラ・クラシックという）と呼ばれる四面体の形の牛乳パックを見かけると、つい嬉しくなる。積み上げての保存や運搬が大変なことから、現在は直方体の形の牛乳パック（正式にはブリックタイプ）が主流になっているため、もうほとんど見かけなくなってしまった。

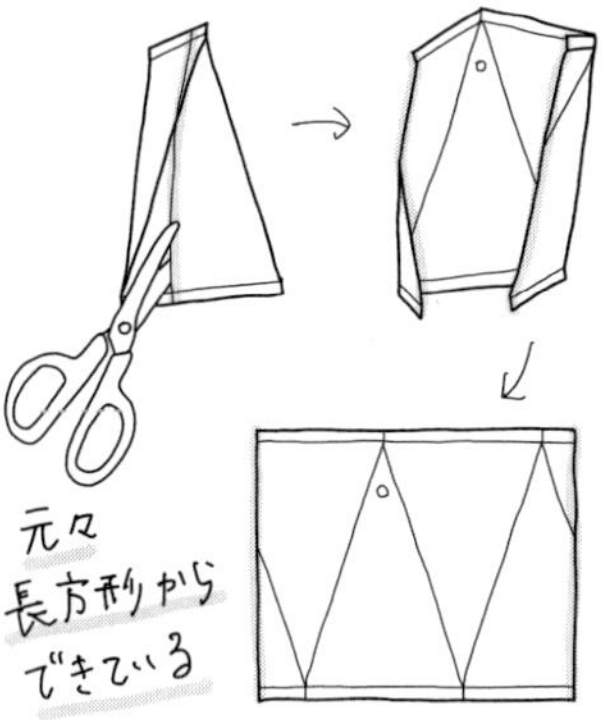

この、三角パックの牛乳がそもそも広く普及していた理由の1つは、展開図から見えてくる。パックがのりづけされている部分を図のようにハサミで切り開いてみると、四面体のパックが長方形から無駄な切れ端を出すことなく効率的に作られていることがわかるだろう。

さて、それでは三角パックの別の切り開き方を考えて

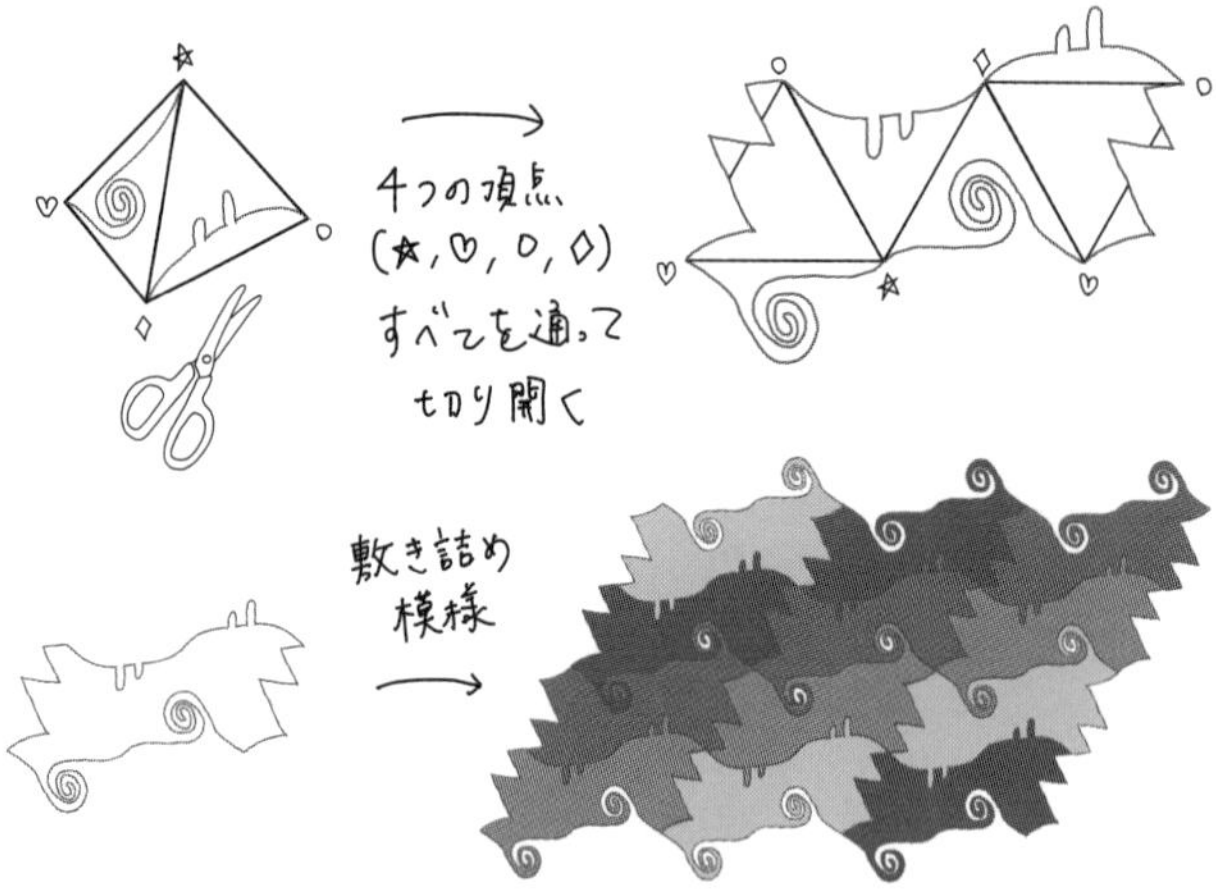

みよう。そして、昔懐かしい三角パックでできる楽しい敷き詰め模様の作り方を紹介したい。

まず、**三角パックの四面体の4つの頂点すべてを通り、バラバラにならないように（全体が繋がっているように）切り開いてみよう。なんと、その切り開いた展開図は、どんな形であろうと必ず平面を重なりなく敷き詰める**ということが、秋山仁先生（東京理科大学栄誉教授）により証明されて「**四面体タイル定理**」と名づけられている。

複雑に切り開いて、どんなでっぱりやへこみがある形になっても、どこか別の場所でお互いにピッタリ合わさるようになっているのだ。

切り開き方によって様々な敷き詰め模様が作れるため、タイル製造器（タイル・メーカー）とも呼ばれていて、なんとも楽しい。

立体をどのように切り開いても、その展開図で重なりなく平面を敷き詰めることができるなんて驚きだが、この性質が成り立つ多面体は、等面四面体だけである。

等面四面体というと聞き慣れないかもしれない。4つの面がすべて等しい三角形になっている四面体を意味し、もちろん、4つの面がすべて等しい正三角形である正四面体も、等面四面体の一つなのだ。

久しぶりに三角パックの牛乳を見かけたら、ぜひオリジナルの敷き詰め模様を作ってみてほしい。

そうは言っても手元に三角パックがない場合に、紙で簡単に等面四面体を作る方法を紹介しておこう。ペラペラのコピー用紙ではなく、少し厚めの紙を使うことをお薦めする。

ちなみに、立方体（つまり、すべての面が正方形である）に関しては、辺に沿って切り開

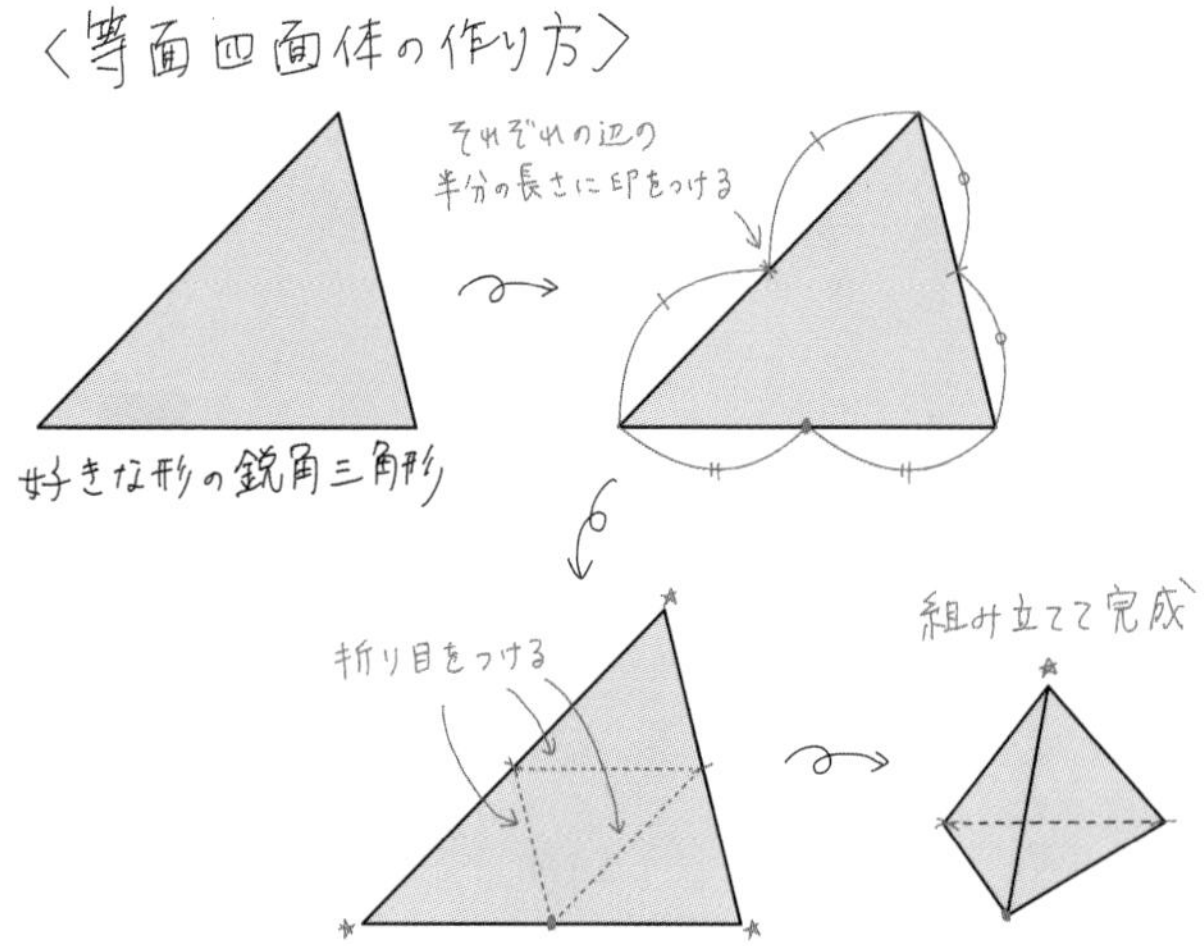

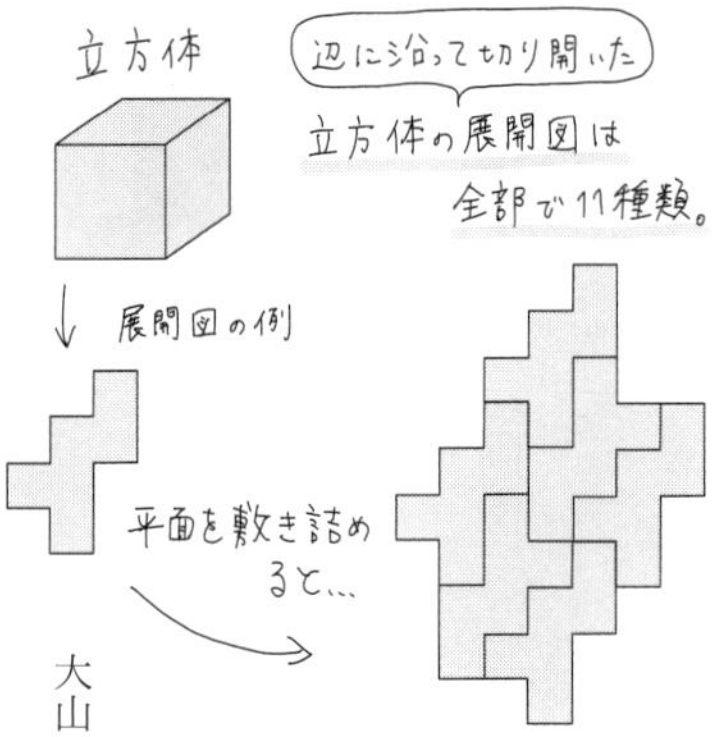

いた場合は、11種類の展開図すべてにおいて、その形で平面を敷き詰められることが知られている。

サイコロキャラメルの箱で試してみると面白いかもしれない。

大山口菜都美

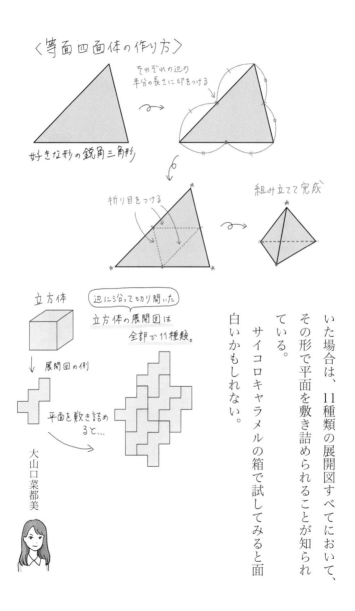

STORY

9

10本の指で掛け算九九

唐突だが、一度本を置いて、手のひらが自分に向くように両手を目の前に出してほしい。そして、10本の指に左側から順に1から10の番号がついているとしよう。さあ、準備完了。

まず、好きな9の段の掛け算を思い浮かべ、9にかける数と同じ番号の指を折り曲げてみよう（「3×9」を思い浮かべたなら左から3番目の指を折る）。あなたの目の前の手、あなたの指はさっき思い浮かべた9の段の掛け算の答えを表してはいないだろうか？

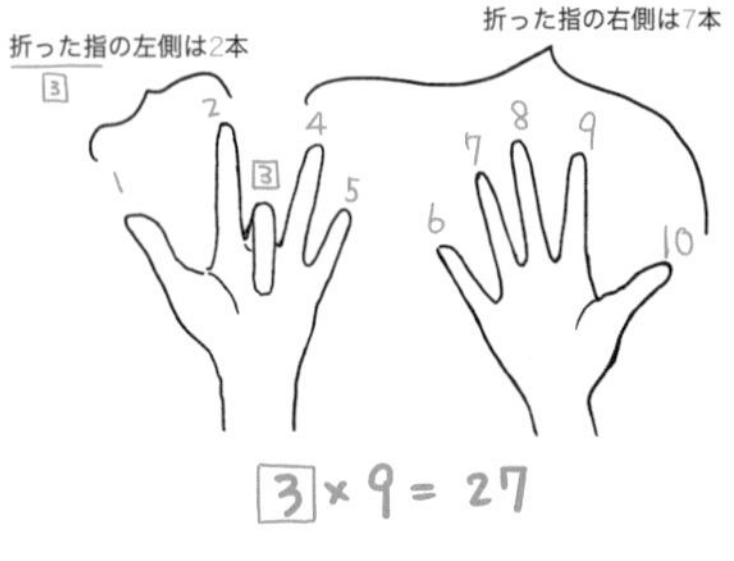

きっと、**折り曲げた指の左側が答えの十の位の数字、折り曲げた指の右側にその一の位の数字**が表れているはずだ！

筆者がこのネタを知ったのは割と最近で、あまりに感動したのですぐに友人や家族にも教えたのだが、文系の友人の1人は小学校でこのネタを習ったらしい。こんな面白いネタを教えてくれる先生もいい先生だな、と思うし、大人になってもそれを覚えている友人もすごいと思う。その後このネタが載っている本は何冊か見つけたのだが、その理由まで書いてあるものはほとんどなかった。ここで紹介しよう。

ポイントは下の3つである。

初めの2つのポイントまではすぐに納得できるだろう。では、

■ポイント

1. 9は10から1を引いた数
2. 左から□番目の指を折ると、
   折った指の左側には「□−1」本の指が、
   折った指の右側には「10−□」本の指がある。
3. □×9は（□−1）×10＋10−□ と書き換えられる！

何故3つ目の書き換えが成り立つのか？
　トリックをきちんと説明するために小学校で習う**分配法則**を思い出してみよう。忘れてしまった人は下の図をみてほしい。これは図形でも理解できるし、文字でわかりづらい場合は具体的な数字を入れてみてもよい。皆さんも学生時代に計算の工夫で使った式なのだが覚えているだろうか？

　この分配法則と、1回のつじつま合わせ（うまく変形するために必要な変形）で先ほどの9の段の掛け算が説明できる。次のページの「9の段の掛け算トリック」、納得できるだろうか？

■分配法則

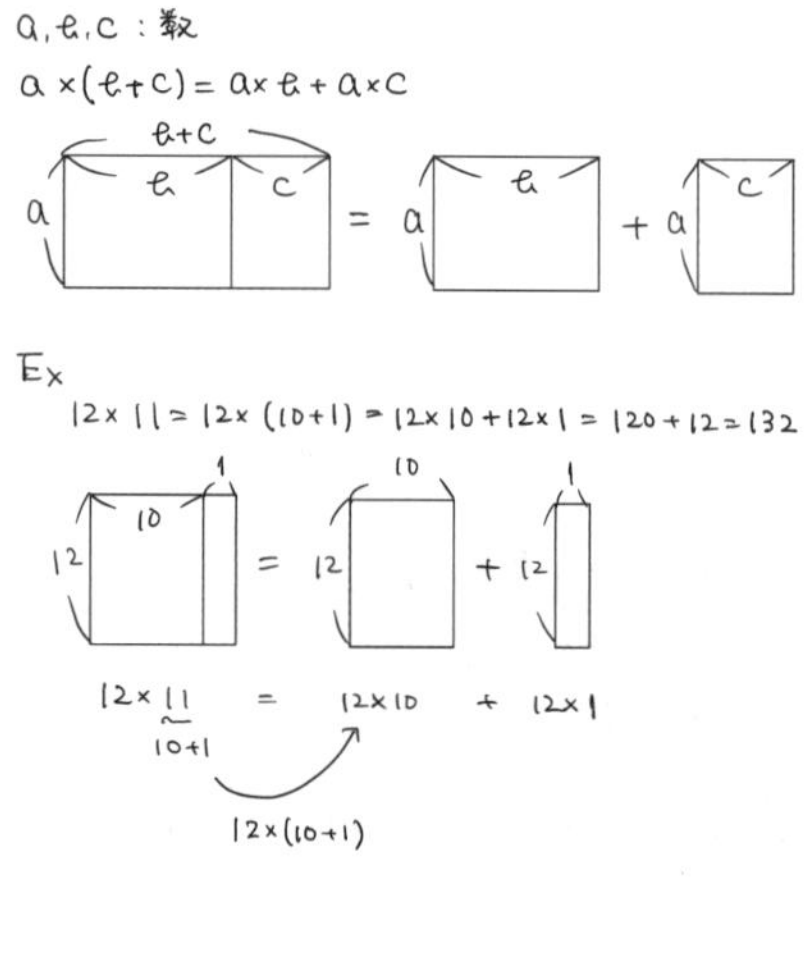

　ここまでの話でも、これは指が10本だからうまくいく話だな、というのがなんとなく感じ

取れただろう。そもそも私たちは普段数を扱うときに**10進法を用いているが、これ自体、人類が数を数え始めたときに10本の指を使ったことに由来**する。

日常ではあまり使われないらしいが、数字の桁を表す英語「digit」には「指」という意味もあり、やはり、人類が指を使って数を数えたり、計算していたりしたことの名残らしい。

せっかく皆さんに分配法則を思い出してもらったので、もう1つだけ、両手を使って6以上の2つの数の掛け算の九九を計算する方法を紹介しよう。今度は図のように両手の指に6から10の番号を振る。

■9の段の掛け算トリック

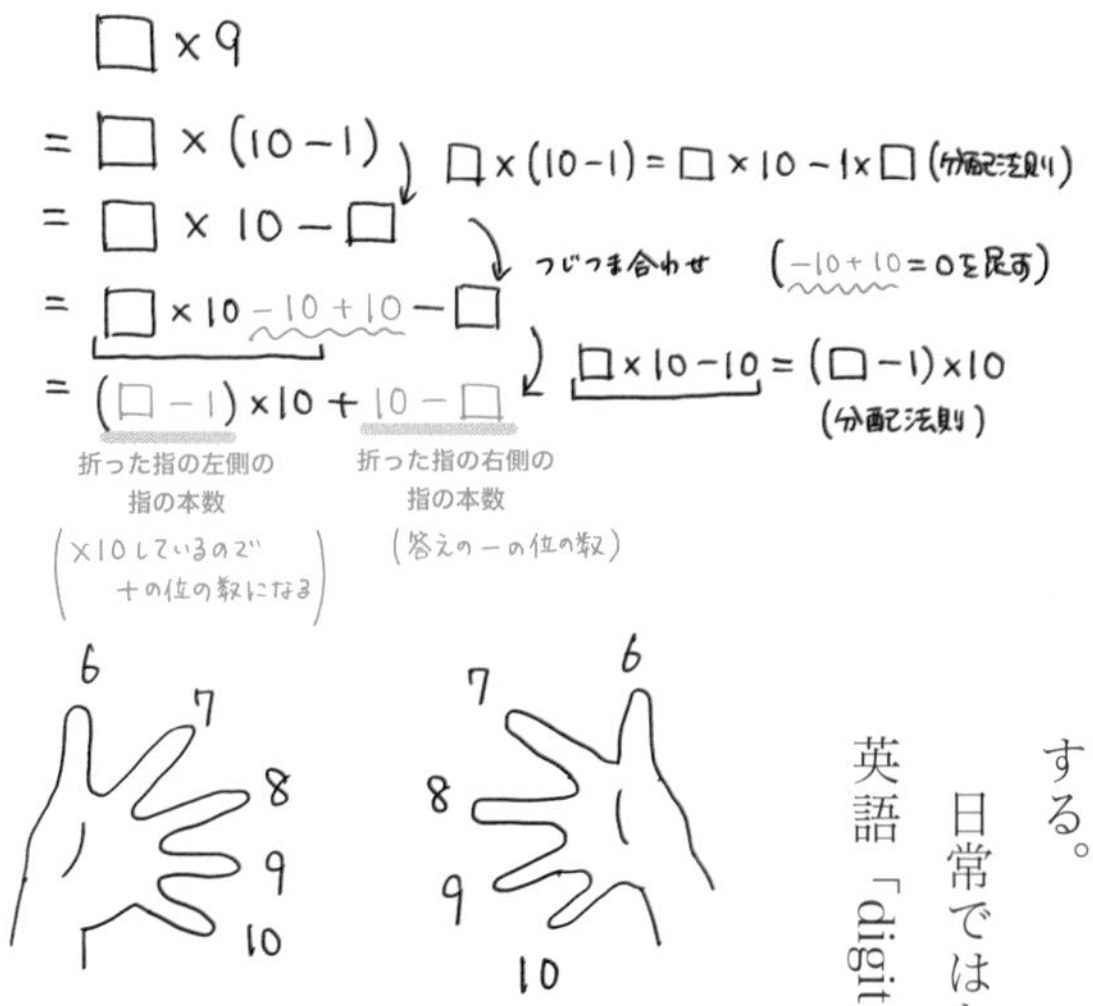

もし、8×6という掛け算の答えを知りたい場合は、左手の8の指と右手の6の指を図のようにくっつける。くっついた指より上の部分の指の数の10倍に、くっついた指の下にある指の本数を左右かけ合わせたものを足せば答えが出るのだ。

ほとんどの場合はこの例のようにくっついた指の上の部分の指の数が答えの十の位の数に一致するが、下の図のような例外もある。

いずれにしろ、これまでに紹介したルールで説明できる。ポイントとなるのは「6以上の数同士の掛け算なので、(5+○)×(5+△)と書けて(○と△は1から4までの数)、○は左手の上から○番目、△は右手の上から△番目の指を表す。」

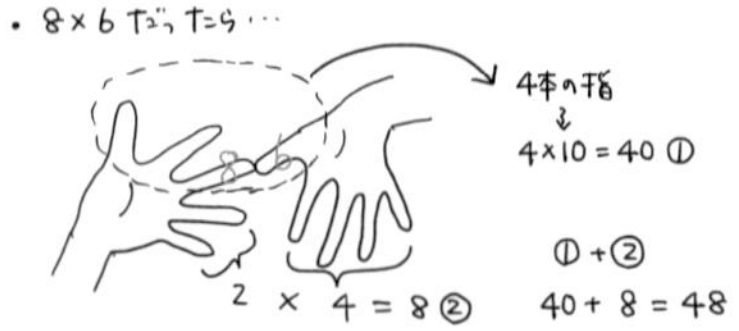

■例外

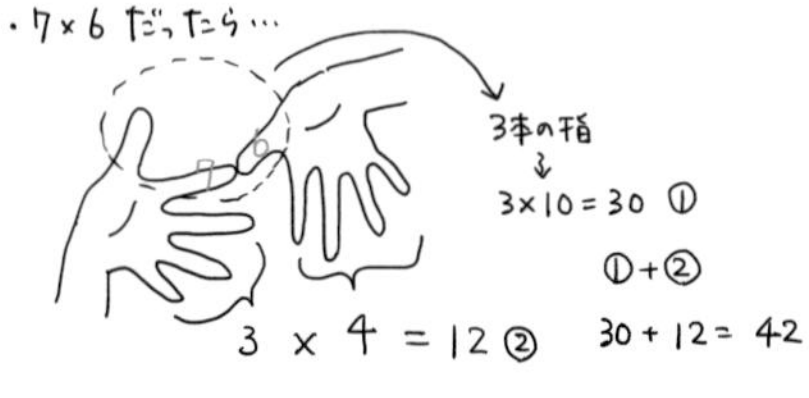

■両手で掛け算トリック

6以上の数なので、$(5+\bigcirc)\times(5+\triangle)$ と表せる。

7×6なら
$(5+2)\times(5+1)$
左手の上から2番目の指
右手の上から1番目の指

$$(5+\bigcirc)\times(5+\triangle)$$
$$=(5+\bigcirc+\bigcirc-\bigcirc)(5+\triangle+\triangle-\triangle)$$

つじつま合わせ
$\bigcirc-\bigcirc=0$, $\triangle-\triangle=0$ を足す

$$=(2\times\bigcirc+(5-\bigcirc))(2\times\triangle+(5-\triangle))$$

$$=\underset{a}{4\times\bigcirc\times\triangle}+\underset{b}{2\times\bigcirc\times(5-\triangle)}+\underset{c}{2\times\triangle\times(5-\bigcirc)}+\underset{d}{(5-\bigcirc)(5-\triangle)}$$

bとcのかっこをはずす

$$=4\times\bigcirc\times\triangle+\underset{b}{10\times\bigcirc-2\times\bigcirc\times\triangle}+\underset{c}{10\times\triangle-2\times\bigcirc\times\triangle}+(5-\bigcirc)(5-\triangle)$$

黒い部分が残る
（青は引き算で消える）

$$10\times\bigcirc+10\times\triangle=10\times(\bigcirc+\triangle)$$

$$=\underbrace{10\times(\bigcirc+\triangle)}_{①}+\underbrace{(5-\bigcirc)\times(5-\triangle)}_{②}$$

ということだ。「両手で掛け算トリック」の図を見ながら脳トレのつもりでチャレンジしてみては？

酒井祐貴子

STORY 10

朝のゴミ出しの一幕

忙しい朝の出勤前。ゴミ袋を片手にさあ家を出ようとすると、入れ忘れたゴミに気づく。袋を開けて追加したいが、「固結び」できつく結んでしまって、結び目の部分を解こうと頑張るが、一向に結び目が緩む気配がない……時間が過ぎて焦るばかりで、頑張って解くか、諦めて次のゴミ袋にまわすかの選択を迫られる。

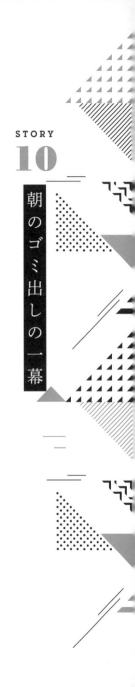

結び目がうまく解けない時には、それは正しい固結びではなく、もしかして「縦結び」になっているのかもしれない。みなさんは正しく「固結び」を結べているだろうか？

ゴミ袋の素材だと見にくい場合は、身近にある（少し太めの）紐などで自分なりの固結びを結んでみてほしい。
そして、結び目を観察して「固結び」になっているか「縦結び」になっているかチェックしてみよう。

この、一番簡単な結び方に見える固結びにも、正しく結ぶためにはちょっとしたコツがあるのだ。固結びの結び方を習ったことがないと、おそらく、利き手の癖のまま2回とも結んで、縦結びになってしまうのではないだろうか。

筆者自身、2つの結び方の違いすら知らずに、ずっと固結びだと信じて縦結びを結んでいて、大学で結び目理論に出会って、2つの結び方の違いを知った時は驚いた。

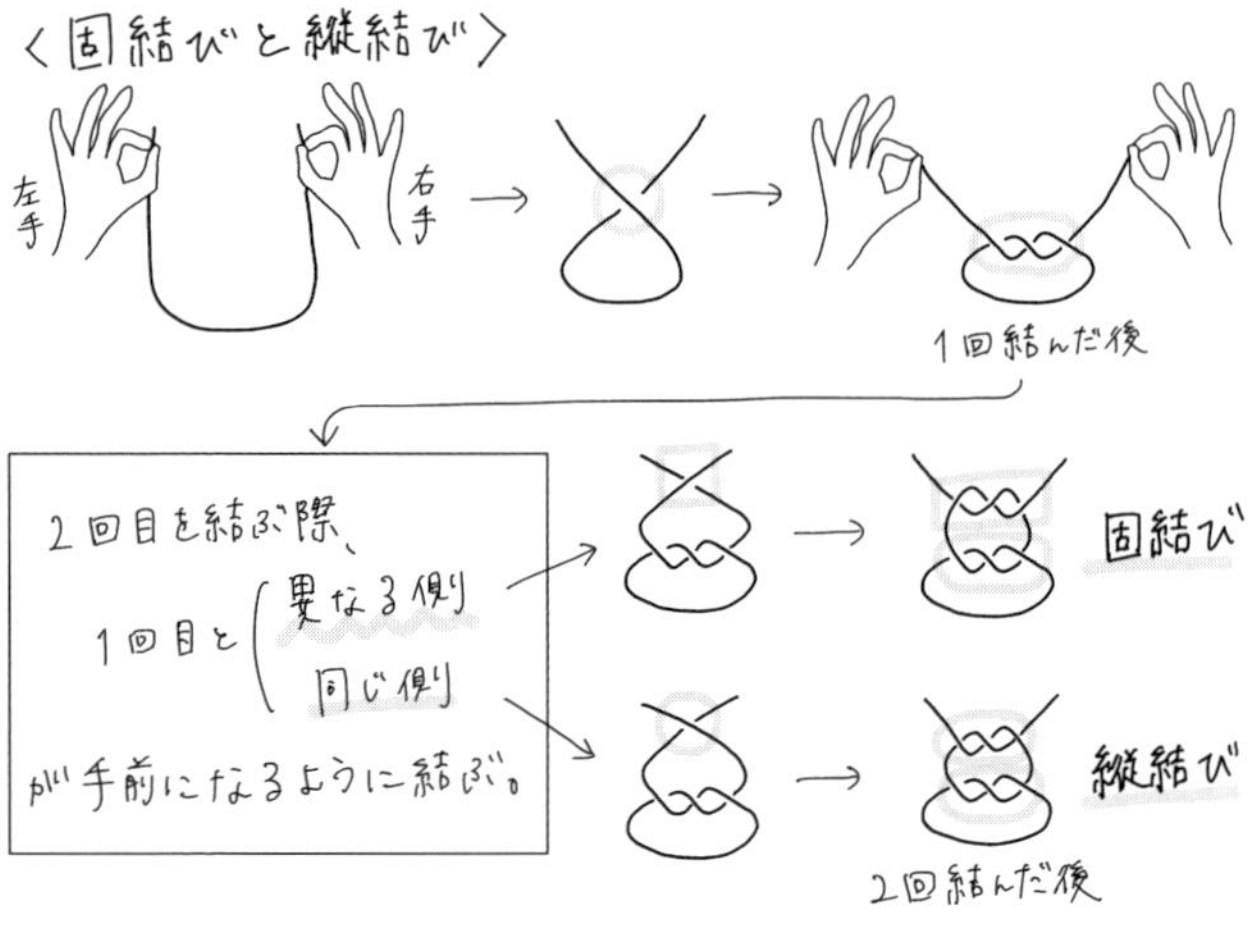

ちなみに、縦結びに対して固結びのことを「横結び」ということもあり、他にも「本結び」「真結び」と呼ばれたりもする。

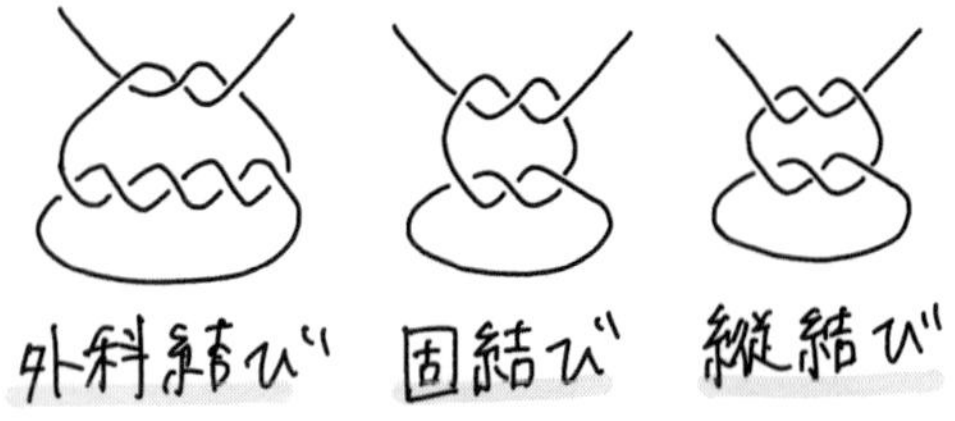

固結びの正しい結び方は簡単で、1回目を結んだ後、手前（上側）になっている紐が手前（上側）になるように交差させ、2回目を結べばいい。

結ぶ操作で紐を持った両手を交差させる際、一般的に、人は利き手を手前にする癖がある。1回目に利き手を手前にして結んだ後（次に結ぶ際には、手前になっている紐、つまり利き手と反対の手で持っている紐が手前を通るように結ぶべきなのだが）、意識をしないと、癖で再度利き手で持っている紐を手前にして結んでしまうことから、固結びが縦結びになってしまうのだ（イラストでは、筆者と同じ右利きの場合を示している）。

このように書くと、固結びの方が縦結びよりも良い結び方のように感じてしまうかもしれないが、縦結びは固結びよりも強度が低いとされる一方で、両端を引っ張ることでさらに締め付けることができるため、手術の結紮《けっさつ》で使われることもあるのだ。

手術で使われる結び方としては、1回目を結ぶ際に紐を1回ではなく2回絡ませて結ぶ「外科結び」も知られており、1回目の結びがゆるまないという利点がある。

それぞれの結び方の特徴を活かして、状況に応じて使い分けるにあたり、冒頭の話に戻ると、結び目を解く必要がある時にはぜひ固結びで結んでほしい。固結びのすごさは、解く時にこそ発揮されるのだ。

図のように、同じ側同士の紐を持って反対方向に引っ張ると、両手に持っている部分の紐が一直線になる様子が見えるだろう。あとは、一直線になった部分を引っ張ると、結び目の部分からするりと抜けて一瞬で解くことができるのだ。

これで、一度きつく結んでしまったゴミ袋を解くのにも手こずらずに済む。

ここで、6話で紹介した結び目理論を思い出して、固結びと縦結びの違いを見てみよう。

両端を閉じて輪っかにし、見やすいように変形すると、図のように2つの三葉結び目をつなげた結び目になっていることがわかる。

ここで注意したいのは、縦結びは2つとも同じ見た目の三葉結び目をつなげたものであるのに対し、固結びの方は、2つの三葉結び目の交点の上下が異なることだ。

この2つの三葉結び目は、互いに鏡に映ったような「鏡像《きょうぞう》」の関係になっていて、「右手系」「左手系」と呼ばれて区別されている。

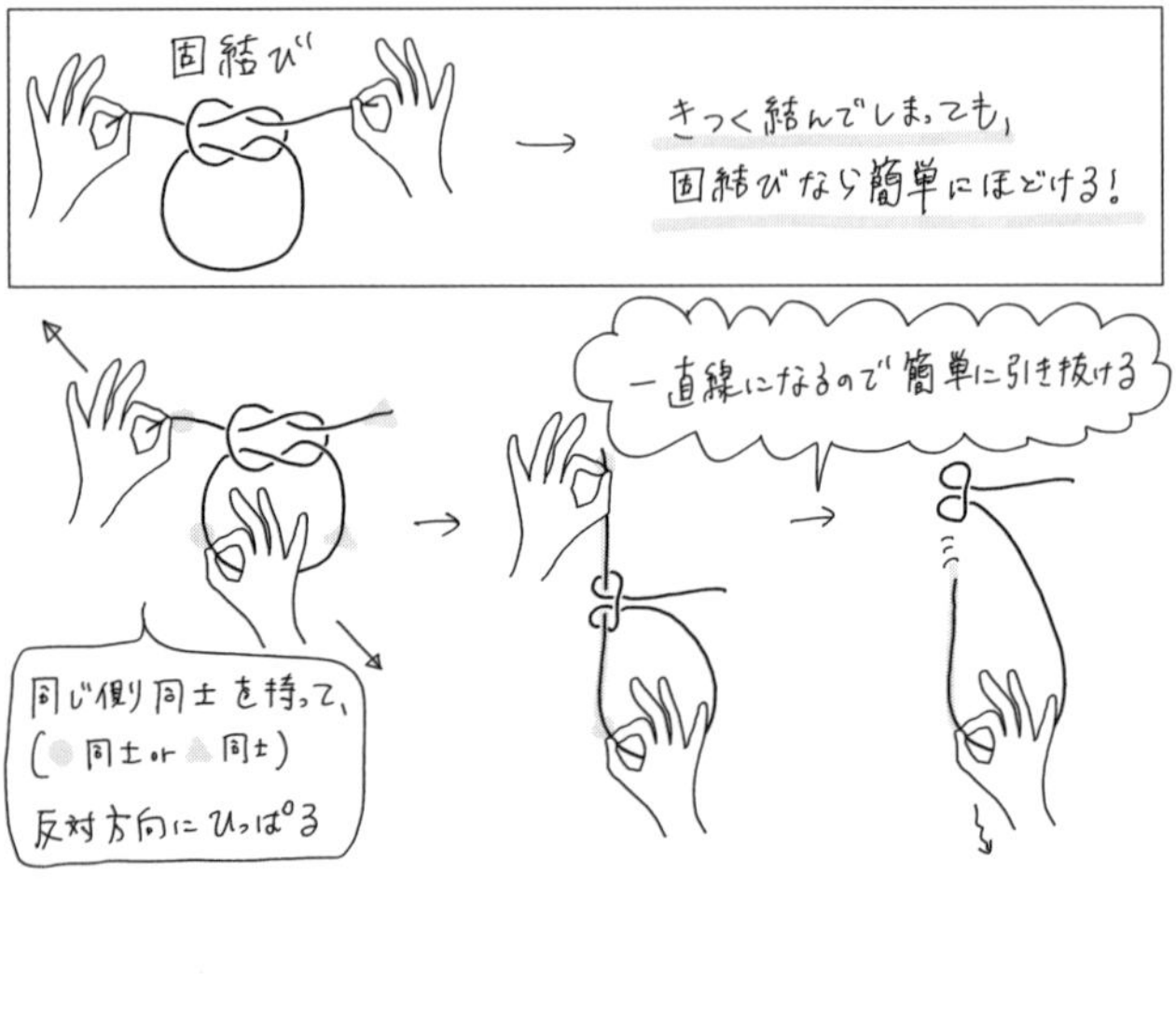
固結び
きつく結んでしまっても、
固結びなら簡単にほどける!
一直線になるので簡単に引き抜ける
同じ側同士を持って、
(●同士か▲同士)
反対方向にひっぱる

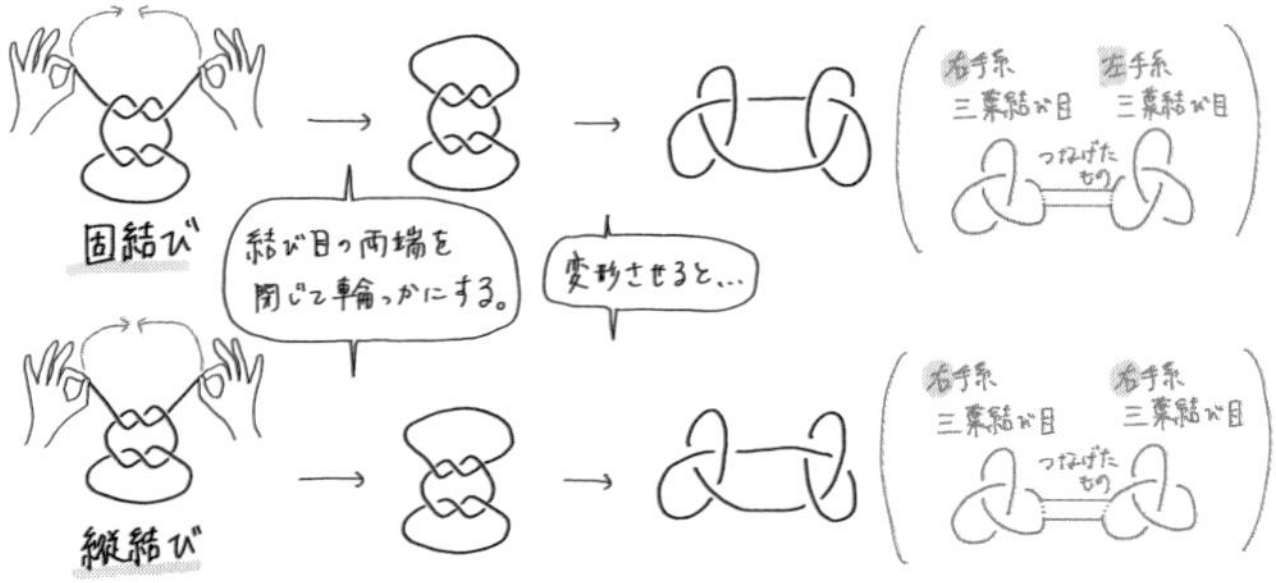

この、右手系と左手系の三葉結び目は、見た目は交点の上下が異なっているが、本当に異なる結び目だろうか？　もしかして、ぐにゃぐにゃ変形させれば、お互いに一致してしまう可能性はあるだろうか？

２つの結び目について、同じ結び目の場合は、互いに変形で移り合う様子を示せば良いが、異なる結び目の場合には、変形を頑張ったけれどできなかったからといって、異なる結び目とは断言できない。もう少し時間をかけて頑張れば、うまい変形が見つかるかもしれないからだ。

２つの結び目が異なることをきちんと数学的に示すには、どうしたら良いか考えてみよう。

この後、13話では結び目の「不変量」について紹介する。

大山口菜都美

STORY 11

偶然？必然？

【確率】

『友達と4人で参加した街コンで、相席した1人が誕生日の季節を当てられる！と言い出して、誕生日の季節当てゲームが始まった。

「4人の誕生日の季節は、右から夏、春、冬、夏、生まれでしょ！」と、私たちの誕生日の季節を予想した。結果は、4人中1人しか当たっていなくて、「誕生日の季節が当てられるなんて嘘じゃん」と盛り上がり、そこから話が弾み、予想以上に楽しい街コン参加になった。誕生日の季節が当てられると言っていた人と季節を当てられた友人は意気投合し、連絡先を交換していた。』

『友達と4人で婚活パーティに参加した日のこと。男女がそれぞれ50人ずつ参加する大規模な立食パーティだった。司会が簡単な挨拶し乾杯から始まった。司会が「今日のパーティの中になんと誕生日が同じ方達がいます！」と発表し始めた。一緒に参加していた友人も名前を呼ばれ舞台に上がり、同じ誕生日の方と共に並び自己紹介をした。私たちは盛り上がり、その後のフリータイムでも友人と同じ誕生日の人を中心にたくさんの方と交流し、楽しいパーティとなった。』

この二つの状況は、偶然（予期しないことが起きている）だと思うだろうか。運命?! なのか。

誕生日の季節を当てられたり、同じ誕生日の人に出会うと、テンションが上がるのは私だけだろうか。でも実は、確率で計算するとさきほどの二つの話の中の誕生日の季節を当てられることと、同じ誕生日の人がいることというのは、そんなに珍しくはない。

■街コン

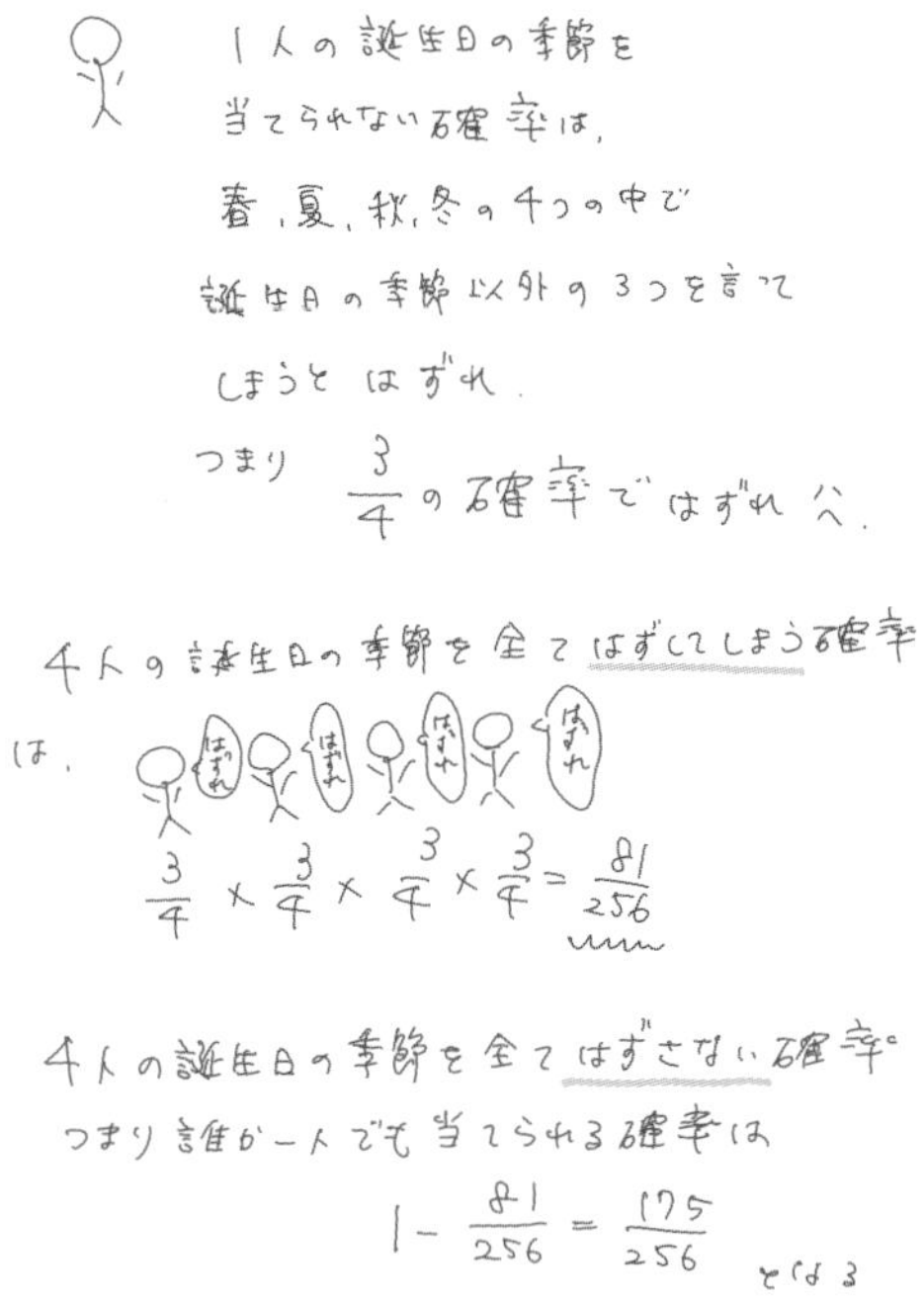

【街コンの話】

4人の誕生日の季節（春、夏、秋、冬）を全員当てることはもちろん難しいが、1人以上当てられる確率は、175／256＝0・683…で約70％もある。なので、適当に誕生日の季節を当てると言って、4人に季節を言えば高い確率で当てることができるのだ。

もし当てられなくても盛り上げ上手な人だったら、今日は調子が悪いなー。じゃあ、次は血液型を当てるぞ！と言い、血液型（A、B、AB、O）を同じように言ってみると、1人以上は当てられるはずだ。

　誕生日の季節も血液型も4人分連続して外してしまう確率は約10%なので、約90%で誰かの季節か血液型を当てることができる。もし盛り上げ役に徹する機会があれば、是非実験してみてほしい（血液型A型、B型、AB型、O型の人の割合は国によって異なるので、当たりやすい血液型を調べておくと、当たる確率も上がるかもしれない）。

　誕生日の季節も血液型も当てられない日（確率約10%）は、もう盛り上げ役を早々におりて、食事やお酒を楽しむことに徹

■血液型クイズ

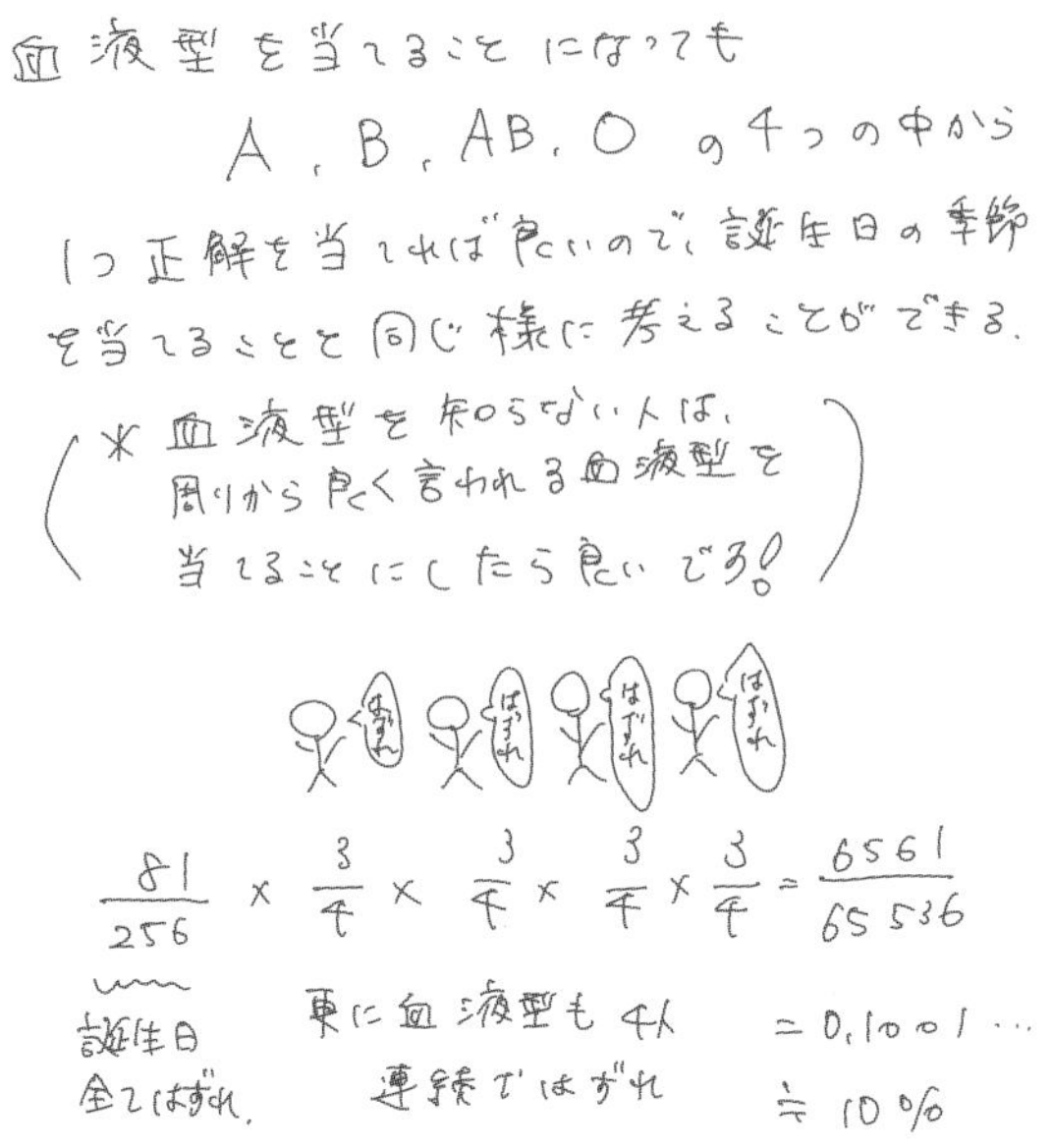

しても良いかもしれない。

【婚活パーティ】

例えば今、友人4人の誕生日がそれぞれ違うとする。誕生日は閏年を含めると366日のうち1日、4人の誕生日がそれぞれ違うので、366日のうち4日が誰かの誕生日である。パーティに参加している異性が今50人いるので、その50人全員が4人と誕生日が異なる確率は、362／366を50回かけたものとなる。

4人と50人全員の誕生日が異なる確率は、約34%。4人と50人全員の誕生日が異ならない、つまり4人中誰かが50人のうちの誰かと誕生日が同じになる確率は約66%とわかる。つまり、4人の中から誕生日が同じペアが生まれて舞台に呼ばれる確率は65%をこえていて、珍しいこととは言えないのだ。

同じ誕生日のペアがいる確率の問題はよく知られていて、23人いると誕生日が同じペアがいる確率が1／2以上になるということはわかっている。40人いると同じペアがいる確率が

89％以上となる。思い起こせば、クラスにはほとんど同じ誕生日のペアがいたような気がする。偶然なのか必然なのか、運命だと思って、その場を楽しむことも私は好きである。

■誕生日が異なる確率

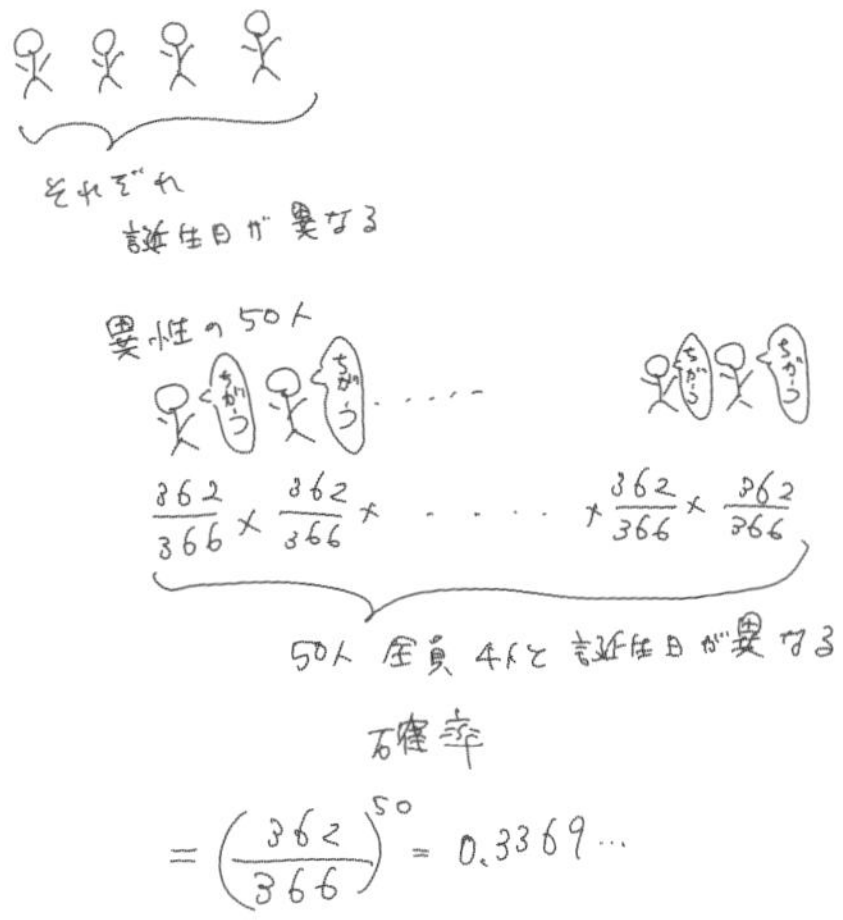

嶽村智子

STORY 12

「呪術廻戦」で考える無限に続く足し算の不思議

【無限】

「無限」という言葉は日常でもよく耳にする。

あなたは「無限」にどのようなイメージをもっているだろうか。

永遠に、ずっと続いていく感じを連想する人もいるだろうし、無限大、という言葉で使うときには途方もなく大きい感じを思い描く人もいるだろう。「無限に数が大きくなること」を表すときに、数学では「∞」という記号を使う。

この数学記号は「無限の可能性」、「永遠」、「infinity」などというコンセプトと共に会社や商品広告のロゴなどにもよく使われているので、形自体はあなたもどこかで目にしているはずだ。

この本の執筆を始めたころ、たまたま呪術廻戦という人気漫画に「無限」がキーワードとして出てくる、という話を耳にした。少しネットで調べてみると、確かにその漫画の中の人気キャラクターが「無下限呪術」という術を操り、作中ではそれが「収束する無限級数のようなもの」と書かれているらしい。

さらっと書かれているが、この「収束する無限級数」とはれっきとした数学用語である。**「無限級数」とは無限に続く足し算**のことであり、**「収束する」というのはその値が1つの値に限りなく近づくこと**を表しているのだ。

この呪術廻戦についてインターネットで少し調べただけで気になった筆者は、とりあえず「無下限呪術」の記述があるとネットで書かれていた8巻だけ購入してみた。すると、「収束する無限級数」という記述だけでなく、「アキレスと亀」という言葉まで出てきているではないか。まさにこの2つの事柄が、筆者がこの節で紹介したかったことなのだ！

この無限級数とアキレスと亀の話、どちらも「無限」に関するものだが、同じ「無限」という言葉でも全く捉え方が異なる。「無限」というもの自体、少し厄介な対象で、哲学的な立場、数学的な立場など、解釈の仕方がいくつもあるのだ。その様々な解釈の中で時には矛盾が出てきたり、神秘的で不思議な現象が現れたりもする。まず、アキレスと亀の話に入る前に、少し特殊な鬼ごっこの話をしよう。

■思い込みが激しい鬼との鬼ごっこ

名付けて、「猪突猛進、思い込みが激しい鬼との鬼ごっこ」。子どもたちが鬼ごっこをしている。ただ、今の鬼は思い込みが激しいタイプ。ある瞬間ターゲットAが目に入ったら、Aがずっとそこにいると思い込み、その場所に一目散に走っていくのだ。しかし、通常鬼

ごっこでは逃げている子どもたちは動き回り、その場に留まってなどいない。鬼がAのいた場所に一目散に走っている間にAは別の場所に移動している。この方法で鬼ごっこを続けていても、初めから鬼の目の前にAがいる、という特殊な状況でない限りは永遠にこの鬼はAを捕まえられないだろう。

今の鬼ごっこに速さの違いの概念をプラスしたのが有名な「アキレスと亀」というエピソードだ。これは、古代ギリシャの哲学者ゼノンが残した有名なパラドックス（逆説：一見正しく思われるような、妥当に思える推論から、受け入れがたい結論が得られる事を指す言葉）のうちの1つである。

【アキレスと亀】

俊足で有名なアキレスと、亀が徒競走をする。アキレスは亀の10倍の速さ（これが俊足？）で走れるので、亀はアキレスより100m前からスタートすることにする。同時にスタートして、アキレスが100m進んだときには、亀は10m先にいる。また、さらにアキレスが10m進むと、今度は亀は1m先にいる。

アキレスが亀に追いつこうとしても亀は少し前に進んでいるので理論上永遠に追いつけない。

改めてアキレスと亀の逸話を読んでどう思っただろうか？　先ほどの鬼ごっこを1直線上で行い、鬼がA君の10倍の速さで走れるという条件を付けたのだな、と思っていただけただろう。

この逸話だけを読んでいると、論理的に間違っていないように思うのだが、現実にはアキレスは亀に追いついてしまう。そこがパラドックスなのだ。現実の状況と同じく、数学の計算では、アキレスの進む距離をXmとすると、アキレスのスタート地点から111mくらいの地点で亀に追いつくことがわかる。

（実はこの問題は、アキレスと亀の速度を具体的に設定すると、子ども用の算数の問題にな

■アキレスと亀

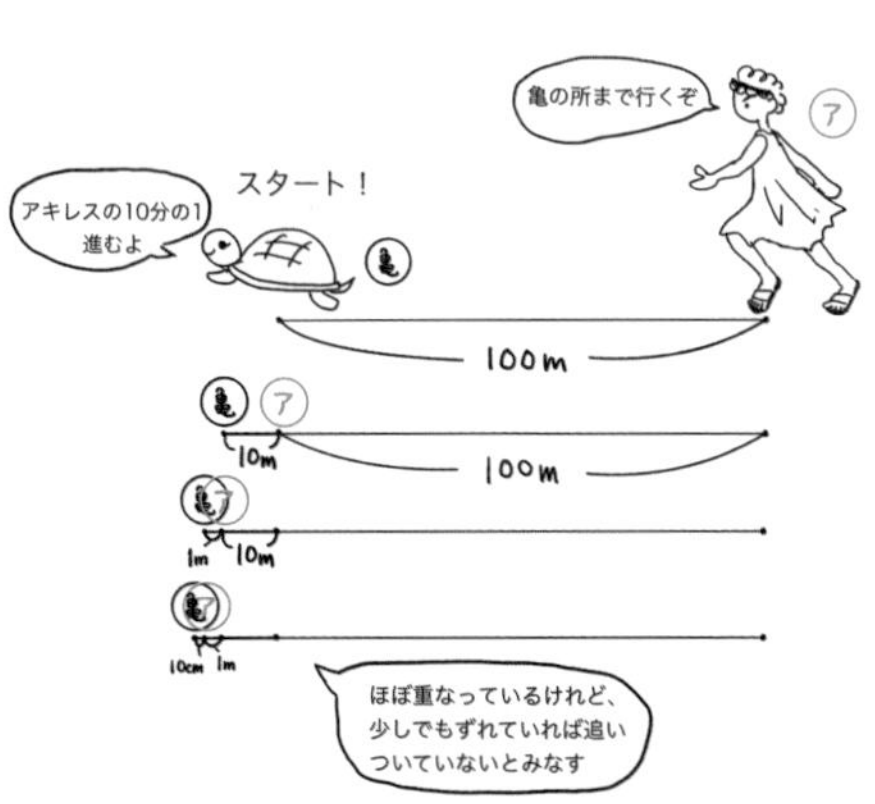
亀の所まで行くぞ
ア
スタート！
アキレスの10分の1進むよ
亀
100m
10m
100m
1m
10m
10cm
1m
ほぼ重なっているけれど、少しでもずれていれば追いついていないとみなす

る。その解法はこの話の最後に付録として書くことにする）

　ここで、少しだけ無限に続く足し算の話をしよう。下の図の足し算の答えを考えてみてほしい。答えは何になっただろうか？

　普通の（有限個の）足し算においては、計算のルールさえ満たしていれば、カッコはどこにつけても計算結果は同じになるが、無限の足し算ではカッコの付け方によって2種類の答えが出てきてしまう！

有限個の数字の足し算と無限の足し算は同じルールでは計算できず、無限の足し算をするた

■アキレスが進む距離

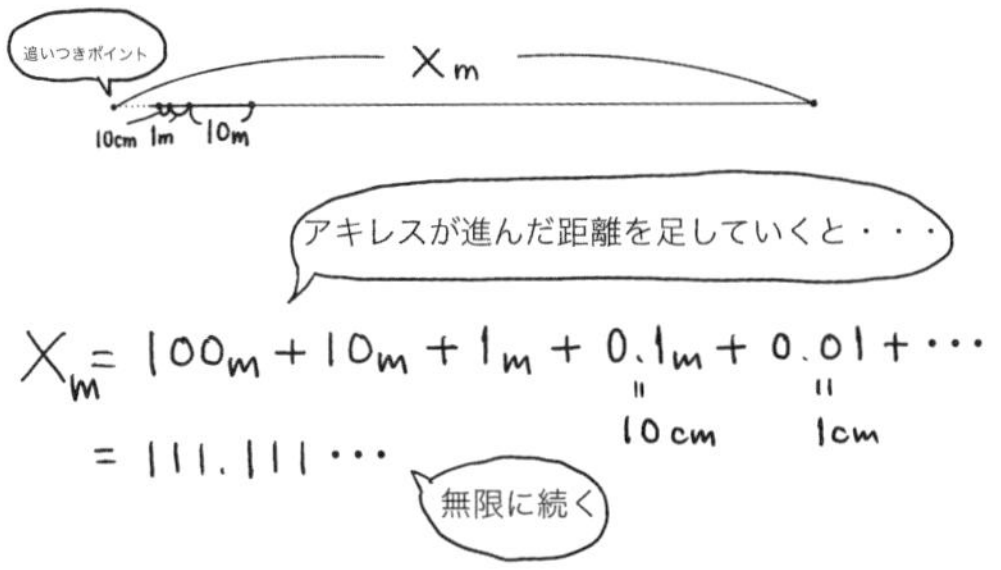
追いつきポイント
Xm
10cm 1m 10m
アキレスが進んだ距離を足していくと・・・
Xm = 100m + 10m + 1m + 0.1m + 0.01 + ・・・
= 10cm
= 1cm
= 111.111・・・
無限に続く

■この足し算の答えは？

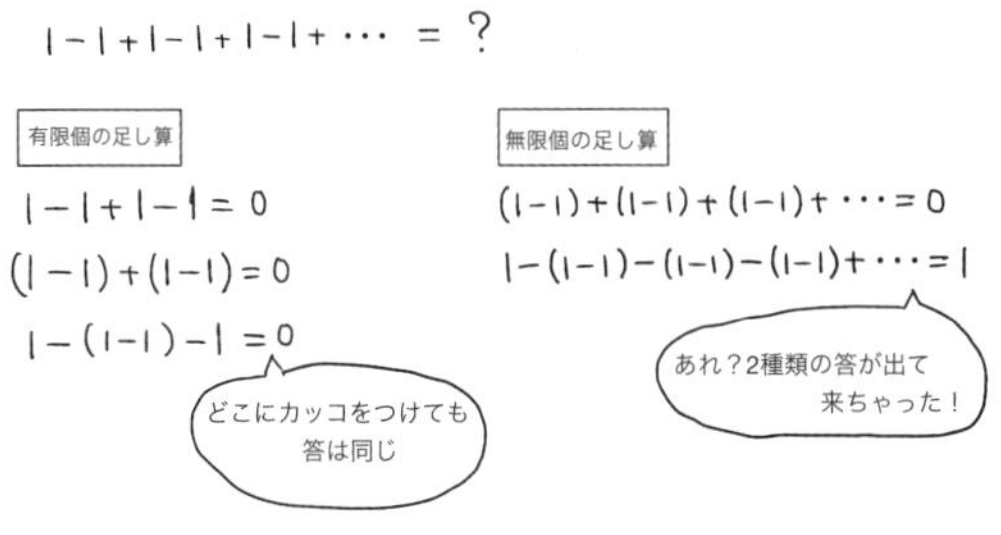
1−1+1−1+1−1+・・・ = ？
有限個の足し算
1−1+1−1=0
(1−1)+(1−1)=0
1−(1−1)−1=0
どこにカッコをつけても答は同じ
無限個の足し算
(1−1)+(1−1)+(1−1)+・・・=0
1−(1−1)−(1−1)−(1−1)+・・・=1
あれ？2種類の答が出て来ちゃった！

めには別のルールが必要になるのだ。

　大雑把にそのルールを紹介すると、無限の足し算の計算には下の図の2つのステップが必要になる。
　②の結果、何か1つの値が出てきたらそれが答え（このことを「無限級数は収束する」という）。逆に、1つの値に定まらなかったら、その無限級数は計算できない（「無限級数は発散する」という）ことになるのだ。初めに挙げた無限に続く足し算の例も次ページの図のように考えることができる。
　では、そろそろアキレスと亀の話に戻ろう。

　先ほど、図「アキレスが進む距離」でなんとなく答えが111・111…になることを納得してもらったが、きちんと式で書くと、今紹介した2つのステップを経て、無限級数の計

無限に続く足し算のルール

① 第n番目の項までの足し算をする

② ①の結果（結果にはnという文字が入っている）で
nをどんどん(無限に)大きくしたらどうなるか考える。

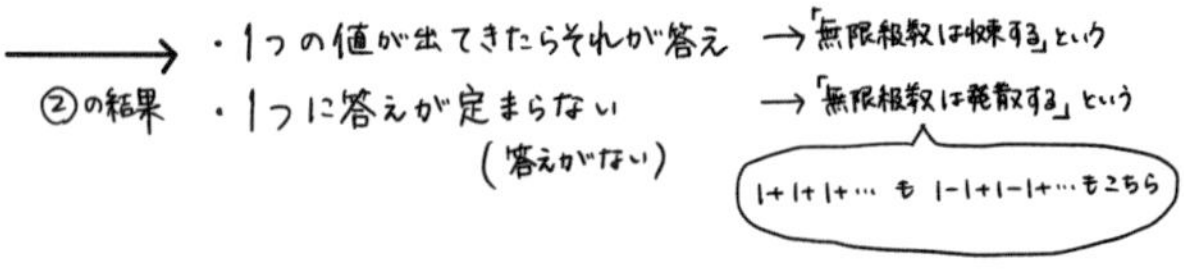

・1つの値が出てきたらそれが答え
→「無限級数は収束する」という
②の結果
・1つに答えが定まらない
（答えがない）
→「無限級数は発散する」という
1+1+1+… も 1−1+1−1+… もこちら

■無限級数の発散

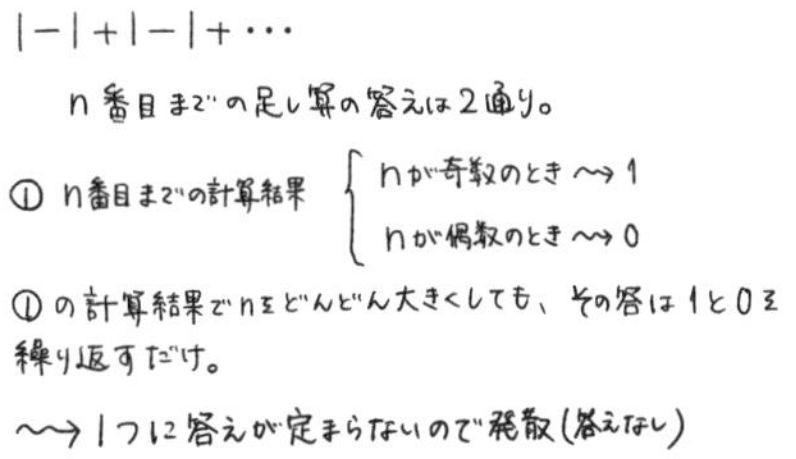
1−1+1−1+・・・
n番目までの足し算の答えは2通り。
① n番目までの計算結果
nが奇数のとき ⇝ 1
nが偶数のとき ⇝ 0
①の計算結果でnをどんどん大きくしても、その答は1と0を繰り返すだけ。
⇝ 1つに答えが定まらないので発散（答えなし）

算からその値が導ける。

しかし、そもそも現実で、つまり時間が限られている中で無限に足し算をすることなんてできるのか？

これは、何故「アキレスと亀」がパラドックスになるのかに関わる話である。「アキレスと亀」の議論ではアキレスは亀に追いつけなかったのに、何故数学的な計算で（無限級数を計算することによって）アキレスが亀に追いつけてしまうのか。

それは**「無限」に対する考え方が違う**からだ。

「アキレスと亀」では無限回の行為を行うことはできないという立場、数学（無限級数の計算）では「nを無限に大きくしたら」と考えている時点で無限回の行為を行うことを認めている。その「無限」への立場の違いによってこれがパラドックスとなっているのだ。

この「無限」のとらえ方の違いは数の理解にも表れる。アキレスの進む距離Xは

111・1111…であったが、小数点以下に1が無限に続いていくこの値は、分数を使って111＋1／9と書ける（実際に、1割る9を計算すると答えは0・111…になる）。

このように、**無限に続く循環する小数（同じ数字が繰り返し出てくる小数。今の場合は1が無限に繰り返される）や有限小数は必ず分数の形に書くことができ、整数と合わせて有理数**と呼ばれている（黄金比のところでも触れたが、円周率πのように無限に続く循環しない小数は無理数という）。しかし、これも数学的に無限回の行為ができることを認めているから言えることで、「アキレスと亀」の立場から言うと、**0・111…は1／9に限りなく近いけれど、ぴったり同じ値にはならない**、という立場をとるのだ。

少し話は変わるが、1／9＝0・111…の両辺を9倍すると、1＝0・999…という式が得られる。

これも数学的な立場からは認められている正しい式だが、読者の中にはいまいち納得できていない人もいるだろう。もう既に皆さんは無限級数の計算でnを無限にしたらどうなるか？を考えられるようになったので、この話は25話「数学でケーキの3等分」の中で触れることにする。

最後にいくつか特徴的な無限級数を紹介しよう。下の図は、無限級数が1つの値に収束する様子を図で理解できる例だ。これを見ると、足していく値がどんどん小さくなれば、無限級数の値が1つの値に収束する場合がありそうだな、というのは理解してもらえるだろう。

無限級数の中には、次ページの例1のように、足していく値がどんどん小さくなっても答えが無限大に発散する場合や、収束する場合でも、例2のようにその答えに不思議な値が現れることがある。

例2の式を見る限り、円とは何の関係もない形をしているのに、なんと**これらの無限級数は一定の値に近づくだけでな**

■正方形と無限級数

$$\frac{1}{2}+\frac{1}{4}+\frac{1}{8}+\frac{1}{16}+\cdots+\frac{1}{2^n}+\cdots=1$$

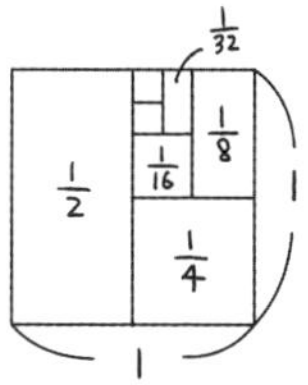

1辺の長さが1の正方形を考え、
上の式をその正方形の面積の $\frac{1}{2}, \frac{1}{4}, \cdots$
の足し算と見てみよう。
足し算の結果が正方形の面積1に
どんどん近づいていく様子がわかる。

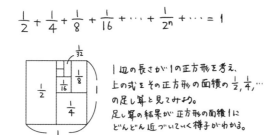

■例1

$$1+\frac{1}{2}+\frac{1}{3}+\frac{1}{4}+\frac{1}{5}+\cdots+\frac{1}{n}+\cdots=\infty$$

この無限級数の答えは
無限に大きくなる！

■例2

$$1+\frac{1}{2^2}+\frac{1}{3^2}+\frac{1}{4^2}+\frac{1}{5^2}+\cdots+\frac{1}{n^2}+\cdots=\frac{\pi^2}{6}$$

分母が自然数の2乗

$$1+\frac{1}{3^2}+\frac{1}{5^2}+\frac{1}{7^2}+\frac{1}{9^2}+\cdots+\frac{1}{(2n-1)^2}+\cdots=\frac{\pi^2}{8}$$

分母が奇数の2乗

$$1-\frac{1}{3}+\frac{1}{5}-\frac{1}{7}+\frac{1}{9}-\cdots+(-1)^{n+1}\frac{1}{2n-1}+\cdots=\frac{\pi}{4}$$

分母が奇数

く、その値には円周率πが含まれているのだ！

無限に潜む別の神秘を感じるのではないだろうか。

ところで、呪術廻戦の中で登場人物の1人である五条悟（五条先生）は、無下限呪術について「収束する無限級数のようなもんで俺に近づくモノはどんどん遅くなって結局俺まで辿り着くことはなくなるの」と言っている。これは、図「正方形と無限級数」のように、足されるものがどんどん小さくなって収束する感じなのか？　また、自身の技について「アキレスと亀だよ」と言っているが、相手の技が自分に到達しないことをアキレスが亀に追いつけないことに例えているのか？　五条先生は、速度に関しては数学的な無限の立場、距離に関しては哲学的な立場で状況を操ることができるのかなぁ、なんて漠然と考えてしまった。

(付録) アキレスが亀に追いつけることの算数的な計算

アキレスが1分で100m、亀がその1/10、1分で10m走れることにすると、以下のように、アキレスが亀に111.111…mのところで追いつくことができることがわかる。

■アキレスと亀算数

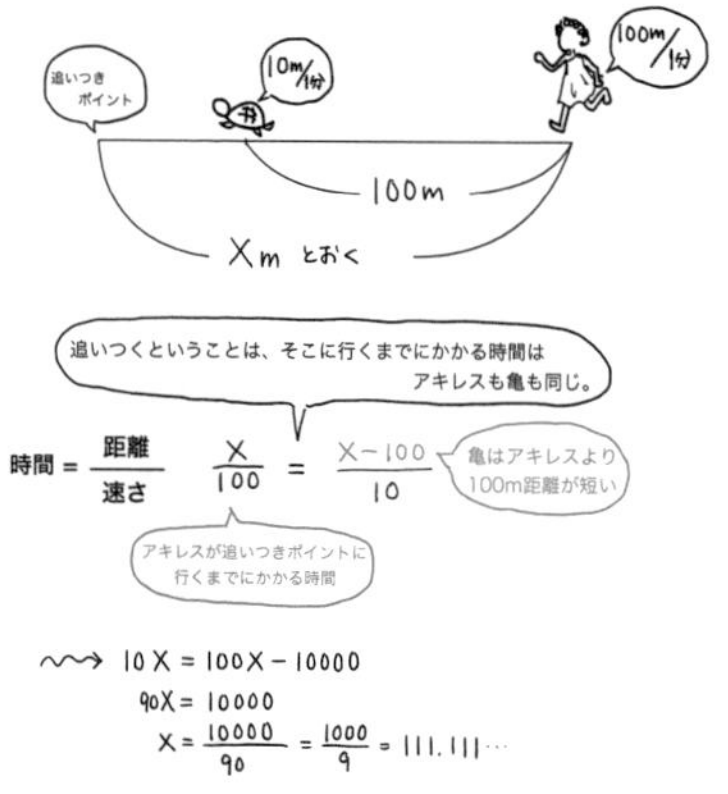
追いつき
ポイント
10m/1分
100m/1分
100m
Xm とおく
追いつくということは、そこに行くまでにかかる時間はアキレスも亀も同じ。
時間 = 距離/速さ
X/100 = X−100/10
亀はアキレスより100m距離が短い
アキレスが追いつきポイントに行くまでにかかる時間
10X = 100X − 10000
90X = 10000
X = 10000/90 = 1000/9 = 111.111…

酒井祐貴子

STORY 13

すべてのものは結び目でできている?

これまで6話と10話で、結び目にまつわる話をいくつか紹介してきたが、結び目理論の始まりにも、ちょっと興味深いエピソードがある。

19世紀の後半、イギリスの物理学者ウィリアム・トムソンは、「原子は(光が伝搬するための媒質として必要と考えられていた)エーテルの中の渦糸が結び目になったものである」という仮説を立て「渦原子理論」を提唱した。

つまり、世界中のすべてのものは結び目でできていて、例えばただの輪っか(自明《じめい》な結び目)は水素で、三葉結び目は炭素、8の字結び目は酸素というように、それぞれの結び目が異なる原子に対応すると考えたのだ。(ウィリアム・トムソンという名前よりも、絶対温度の単位に頭文字のKが使われている、後のケルヴィン卿といった方が、馴染み深いかもしれない。)

そこで、ケルヴィン卿の友人であるイギリスの数理物理学者ピーター・テイトは結び目の分類を始めた。とってもワクワクしたことだろう。だって渦原子理論を信じる彼らにとって、結び目の一覧表を作ることは、周期表を作ることに他ならなかったのだから。

その後、テイトとアメリカの数学者であるチャールズ・リットルはそれぞれ独立に、10交点までの結び目の一覧表を作った。

ただし、当時は結び目を数学的に区別する方法が確立されておらず、「ペルコ対」という有名な結び目のペアにまつわるエピソードへ繋がる。

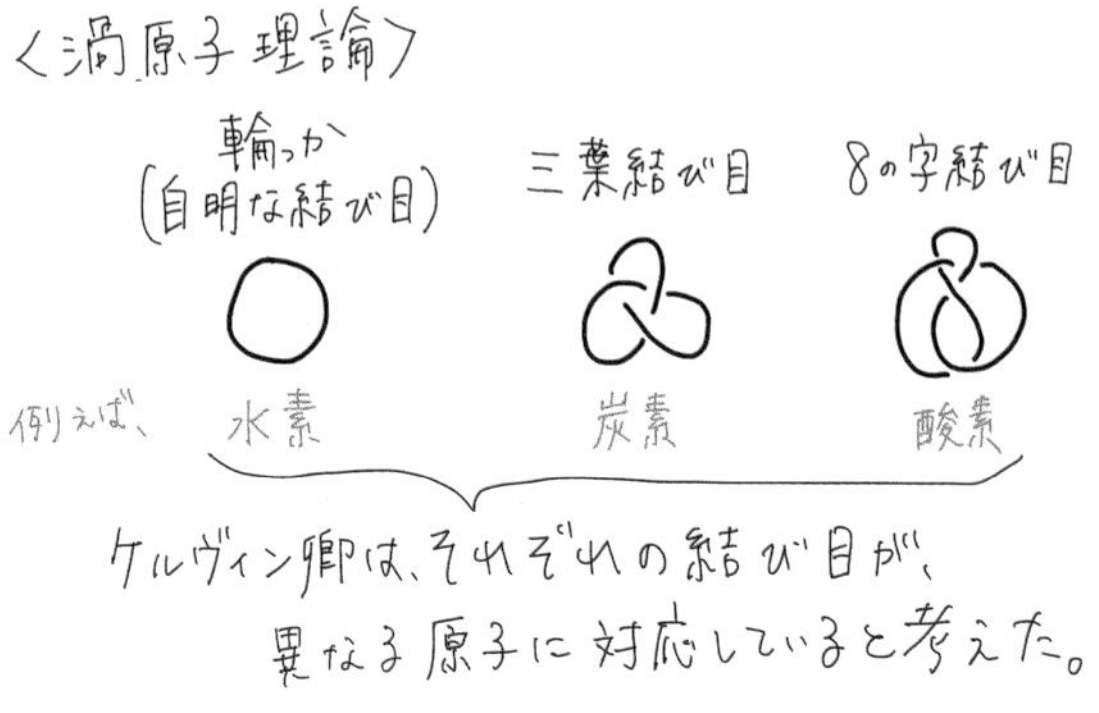

一方の結び目からもう一方へ、変形しようと頑張ってもうまくいかなかった時、２つは異なる結び目だと思って、「明らかに異なる結び目だよ」とか「丸一日頑張ってみたけれど、変形できなかったから無理だよ」と言いたくなる気持ちもよくわかるが、異なる結び目かどうかの判定については、苦い歴史がある。アメリカの弁護士ケネス・ペルコが、75年もの間、違う結び目だと信じられていた２つの（10交点の）結び目が、実は同じ結び目だと発見したのだ。

図の変形を見ると、２つが同じ結び目であることがわかるだろう。

このように、せっかく結び目の一覧表を作っても、本当は同じ結び目を、異なる結び目として重複して数えていな

いか確信できないのは困る。

そこで、結び目理論の研究者たちによって結び目を区別するためのさまざまな「不変量」というものが開発され、結び目理論が発展してきた。

結び目の不変量は、同じ結び目に対しては同じ値を与えるため、もしもそれぞれの結び目から得られた値が異なる場合には、異なる結び目だと言い切ることができるのだ（しかし、逆は成り立つとは限らず、異なる結び目に対する不変量が、たまたま同じ値になることもあり得るため、不変量が同じだからといって、同じ結び目とは言い切れないことには注意する必要がある）。

ここでは、結び目の代表的な不変量として、「ジョーンズ多項式」を紹介しよう。右手系と左手系の三葉結び目は、それぞれのジョーンズ多項式が異なることから、2つは異なる結び目だと断言することができる。

ぐにゃぐにゃして柔らかく、いろいろな形に変形してしまう結び目に対して唯一つの多項式を対応させ、2つの結び目が異なるということを（「変形を頑張ったけれどできなかった」

〈ジョーンズ多項式〉

異なる結び目

右手系三葉結び目　　左手系三葉結び目

$t+t^3-t^4$　　$\frac{1}{t}+\frac{1}{t^3}-\frac{1}{t^4}$

tと$\frac{1}{t}$を入れ替えた式

同じ結び目

8の字結び目　　8の字結び目

$\frac{1}{t^2}-\frac{1}{t}+1-t+t^2$　回文的　$t^2-t+1-\frac{1}{t}+\frac{1}{t^2}$

tと$\frac{1}{t}$を入れ替えても全体として同じ式

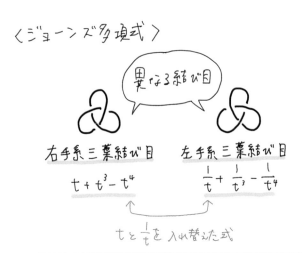

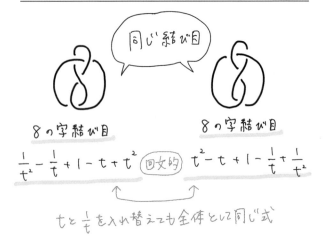

などの経験や推測ではなく）厳密に示せる数学ってなんてすごいんだと、初めてジョーンズ多項式を計算したときに、とても感動したことを覚えている。

さらに興味深いことに、鏡像の関係にある結び目のジョーンズ多項式は、tと1／tを入れ替えた式になることが示されている。

例えば、「8の字結び目」は鏡像同士が同じ結び目なのだが、8の字結び目のジョーンズ多項式を計算してみると、確かに、tと1／tを入れ替えても全体として同じ式になっていることがわかる。

ぜひ、8の字結び目が鏡像と移り合う変形を考えてみてほしい。

もちろん、我々が知っている通り、「すべてのものが結び目でできている」というケルヴィン卿の予想は結果的には間違っていたのだが、このような流れの中で結び目理論は注目され、さまざまな分野と関連しながら、今日も盛んに研究されているのだ。

大山口菜都美

STORY 14

楽しいお酒とスポーツ観戦と数学

【ランダムウォーク】

楽しいお酒を飲むと足元がふらつくこともあるだろう。酔っ払って足元がおぼつかなくなりふらふらふらっと歩いている様子に似ている**酔歩（ランダムウォーク）**という数学の話を。

スポーツ観戦をしながら皆さんはどんなことを考えているだろうか？　大好きな飲み物を片手にスポーツを観戦しながら、試合の経過に一喜一憂し、ドキドキワクワクする時間は何物にも変え難い時間だと思う。スポーツ観戦を楽しみながら、「私が監督だったら、今ここであの選手に交代するのに！」と考えたり、監督気分を味わっている人もいるかも知れない。

サッカーの得点へのボールの進み方と酔っ払った人がふらふらゴールに近づいていく様子

■サッカー図

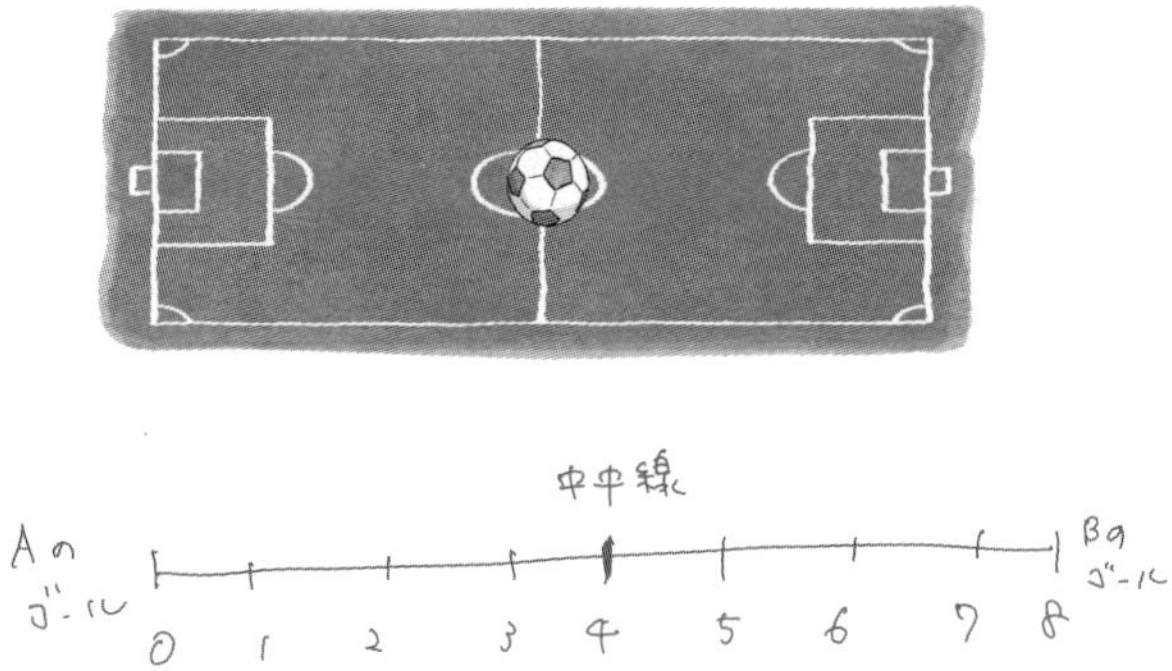

を対応させて考えていこう。そのランダムウォークを使って、ここでは監督になってチームをどのように強化していくのか、もしくは選手の交代をどのようにしたら良いのか考えてみたいと思う。

図のようにセンターライン（中央線）からサッカーのゴールまでを四等分しチェックラインを作る。例えばAチームとBチームが対戦していて、サッカーボールが進む様子を、センターラインから数直線のチェックラインを動いていく様子と捉えて考えてみよう。

どちらのゴールに近づくかを「Aがゴールの方向に進める確率を2／3、Bがゴールの方向に進める確率を1／3」とする。このとき、チェックライン毎に、Aのゴールに近づくかBのゴールの方に近づくか2／3対1／3（つまり2対1）とすると、センターラインからボールをスタートさせてAまたはBがゴールする確率（割合）はどのようになるだろうか。

この確率を求めるために三項間漸化式を使う。三項間漸化式?!という場合は、読み飛ばしてほしい。高校の範囲では数列に出てきた漸化式だ。詳しくは漸化式の絵をみてほしい。

このように計算するとAチームが16／17でゴール、Bチームが1／17でゴールすることがわかる。どうだろうか。それぞれのチェックポイントでは、2：1で進んでいくのだが、ゴールまでを考えると16対1というAチームが、圧倒的に強いことがわかる。

そこで、あなたがこのBチームの監督としよう。今のままでは、圧倒的にAに負けてしまうので、どこかのチェックポイントにいる選手を強化して（もしくは交代させて）、ゴールに近づく確率を強化させることができるとする。一つのチェックポイントだけ、「Aがゴールの方向に2／3、Bがゴールの方向に1／3」から「Bがゴールの方向に2／3、Aが

■漸化式

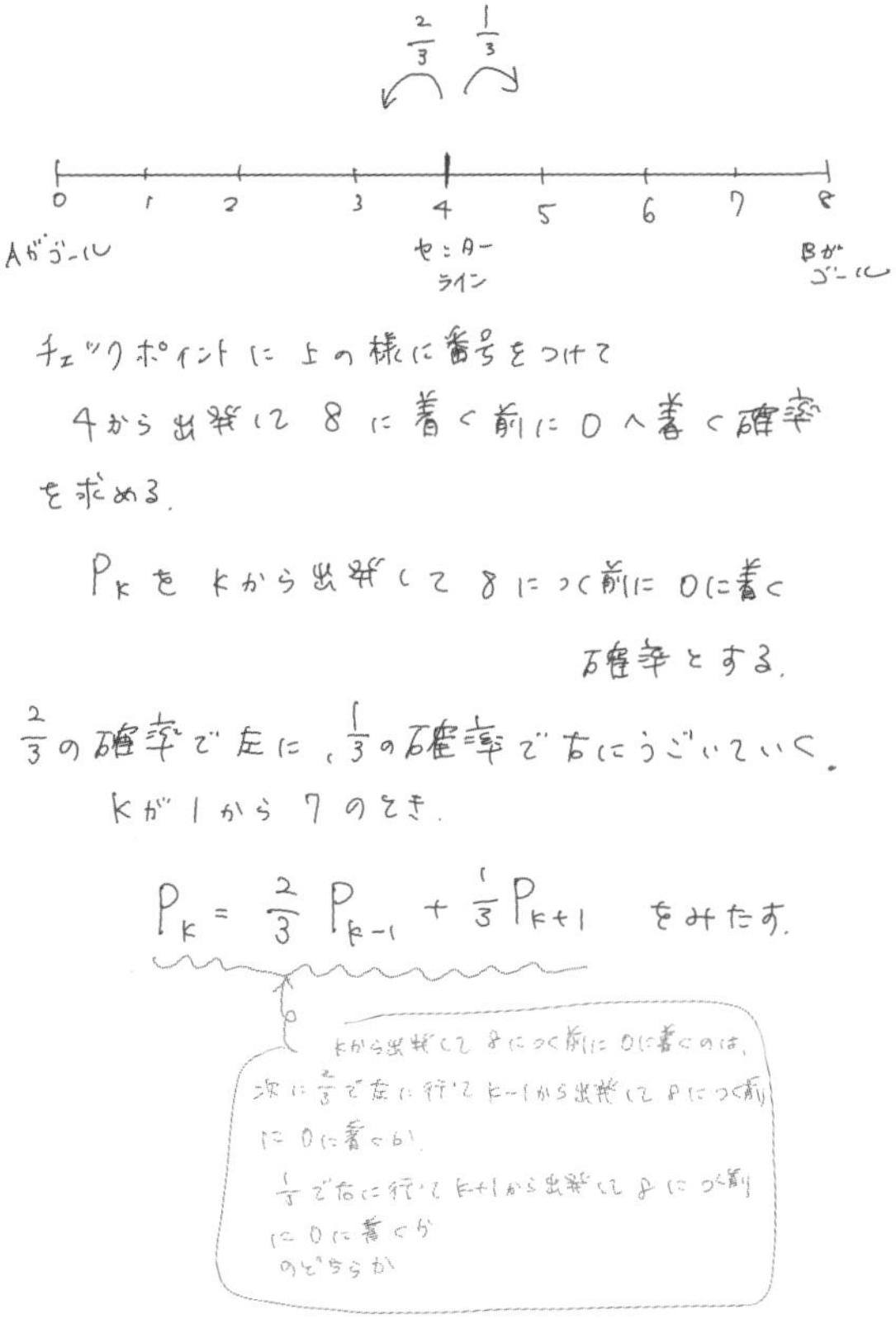

2/3
1/3
0 1 2 3 4 5 6 7 8
Aがゴール
センター ライン
Bがゴール
チェックポイントに上の様に番号をつけて
4から出発して8に着く前に0へ着く確率を求める。
PkをKから出発して8につく前に0に着く確率とする。
2/3の確率で左に、1/3の確率で右にうごいていく。
Kが1から7のとき
Pk = 2/3 Pk-1 + 1/3 Pk+1 をみたす。
Kから出発して8につく前に0に着くのは、
次に2/3で左に行ってk-1から出発して8につく前に0に着くか、
1/3で右に行ってk+1から出発して8につく前に0に着くか
のどちらか

ゴールの方向に1／3」と強化できることにする。

全員の選手を強化できることが良いのだけど、交代できる選手も限られているので、ある一つのチェックポイントだけ強化できる場合を考える。そこで、どこのチェックポイントで選手交代すると良いだろうか。二つの場合「戦法1：Aがゴールする直前のディフェンスを選手交代する」と「戦法2：中央線を選手交代する」について考えてみよう。

あなたは、どちらの戦略をとるだろうか？

【戦法1：Aがゴールする直前のディフェンスを強化】する。

■計算

$P_0 = 1$（0から出発して8につく前にもう0についているので）

$P_8 = 0$（8から出発して8につく前に0につくことはできないので）

これをとくと

$$P_k = \frac{2^k - 2^8}{1 - 2^8}$$

$$P_4 = \frac{2^4 - 2^8}{1 - 2^8} = \frac{16}{17}$$

これは、センターライン4から出発してAがゴールする確率が$\frac{16}{17}$ということがわかる。

一方Bがゴールする確率は$\frac{1}{17}$

そうすると中央線からAがゴールする確率が40／43，Bがゴールする確率が3／43と求めることができる。Bがゴールする確率が3／43＝0・0697…。強化する前の中央線からBがゴールする確率が1／17＝0・0588…だったので、0・01＝1％くらいゴールする確率が上がったことになる。

■戦法1

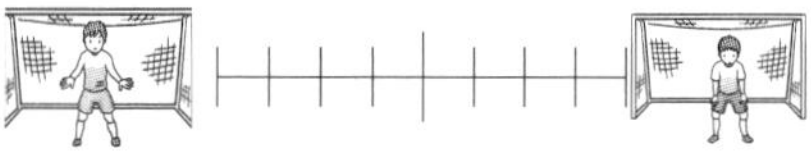

$P_0 = 1$

$P_1 = \frac{1}{3} P_0 + \frac{2}{3} P_2$ 強化ポイント

$P_2 = \frac{2}{3} P_1 + \frac{1}{3} P_3$

$P_3 = \frac{2}{3} P_2 + \frac{1}{3} P_4$

$P_4 = \frac{2}{3} P_3 + \frac{1}{3} P_5$

$P_5 = \frac{2}{3} P_4 + \frac{1}{3} P_6$

$P_6 = \frac{2}{3} P_5 + \frac{1}{3} P_7$

$P_7 = \frac{2}{3} P_6 + \frac{1}{3} P_8$

$P_8 = 0$

の9つの連立方程式をとくと、

$P_4 = \frac{40}{43}$ となる

かなり強化したつもりが予想に反して、ゴールする確率が少ないような気がしないだろうか？　それでは、もう一つの戦法について考えてみよう。

【戦法2：中央線を強化】する。

そうすると中央線からAがゴールする確率が4／5、Bがゴールする確率が1／5と求めることができる。強化する前の中央線からBがゴールする確率が1／17＝0・0588…だったので、強化することで、1／

P_k：kから出発して8につく前に0に着く確率

強化していない所では、$\frac{2}{3}$の確率で左に
$\frac{1}{3}$の確率で右にボールがうごく。

$P_0=1$　,　$P_8=0$

強化されていない所　kについては

$$P_k=\frac{2}{3}P_{k-1}+\frac{1}{3}P_{k+1}$$

強化されている所　kについては、

$$P_k=\frac{1}{3}P_{k-1}+\frac{2}{3}P_{k+1}$$ となる

強化した所kから出発して8につく前に0に着くのは、次に$\frac{1}{3}$で左に行きk−1から出発して8につく前に0に着くか、$\frac{2}{3}$で右に行きk+1から出発して8につく前に0に着くかのどちらか

5＝0・2へ確率が上がる。6％くらいの確率が20％へ上がるのだ。ちなみに、中央線での強化がうまくいき中央線での「Bがゴールの方向に9／10、Aがゴールの方向に1／10」という確率にできたとき（それ以外の場所は、「Aがゴールの方向に2／3、Bがゴールの方

■戦法2

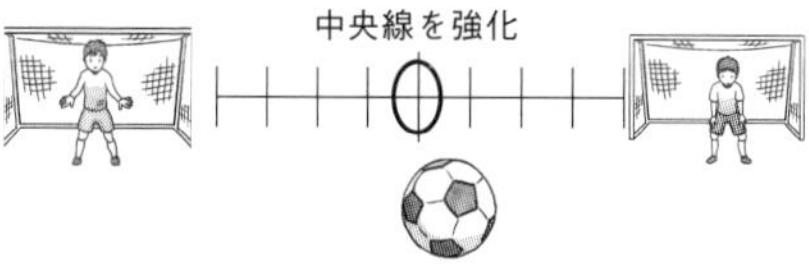

$$\begin{cases} P_0 = 1 \\ P_1 = \frac{2}{3}P_0 + \frac{1}{3}P_1 \\ P_2 = \frac{2}{3}P_1 + \frac{1}{3}P_2 \\ P_3 = \frac{2}{3}P_2 + \frac{1}{3}P_3 \\ P_4 = \frac{1}{3}P_3 + \frac{2}{3}P_4 \\ P_5 = \frac{2}{3}P_4 + \frac{1}{3}P_5 \\ P_6 = \frac{2}{3}P_5 + \frac{2}{3}P_6 \\ P_7 = \frac{2}{3}P_6 + \frac{1}{3}P_7 \\ P_8 = 0 \end{cases}$$

強化ポイント

上の連立方程式を解くと確率が求められる。

$P_4 = \frac{4}{5}$。

向に1／3」のとき)、中央線からBがゴールする確率は9／17となり、Aよりゴールする確率が高くなる。

9つの式の連立方程式が出てきて、計算するのは難しいと思う人もいるかと思うが、気合いでも計算しようと思えば計算できるし、もしくは最近では連立方程式をエクセルやWolfram Alphaを使うと容易に計算することができる。酔歩(ランダムウォーク)を使って、お酒をかたてに好きなチームの強化方法など考えてみると更にスポーツ観戦を楽しめるかもしれない。

STORY 14 楽しいお酒とスポーツ観戦と数学

嶽村智子

STORY 15

世界一美しい野菜の秘密

【フラクタル】


世界一美しい野菜と言われる「ロマネスコ」を知っているだろうか？

カリフラワーの一種で、黄緑色の渦を巻いたような見た目が印象的だ。ここでは、ロマネスコの特徴的な形に現れる秘密を見ていこう。

ロマネスコの一房を切り取ってみると、切り取った部分だけで元のロマネスコ全体のように見えることに気づく。さらに、この小さなロマネスコの一房を切り取ると、またロマネスコ全体のような形が現れる。

このように、**全体と部分が相似の（つまり、形が同じで大きさが異なる）関係になっている特徴を「自己相似性」**といい、シダの葉や木の枝、リアス式海岸や雲の形など、自然界のさまざまなところで見つけることができる。

20世紀初頭、イギリスの数学者・気象学者であるリチャードソンは、国境を接する2国が発表している国境線の長さが異なることに気づいた。例えば、スペインとポルトガルの間の国境線について、同じ部分を指しているはずなのに、スペイン側は987km、ポルトガル側は1214kmと別の値を主張していたのだ。なぜこのようなことが起こるのだろう？

実は、用いる地図の縮尺によって国境線の測量値が変わってしまうのだ。

国境線や海岸線は、ある地図においてその長さを測っても、縮尺を大きくした地図を使って測量すると、拡大することでより細部が見えてきて、新たに見えてきたその凸凹に沿って測ることでどんどん長くなっていく。これは海岸線のパラドックスとも呼ばれている。

例えば、アメリカＣＩＡによるThe World Factbookでは日本の海岸線の長さが２９７５１㎞とされているのに対して、国土交通省による海岸統計では３５２７８㎞と発表されている（２０２３年８月現在）。国境線や海岸線を比較する際には、同じ縮尺で測った測量値を使わなければならないことがわかるだろう。

日本は三陸海岸など複雑な海岸線をもつため、The World Factbookによる海岸線の長さの比較では、世界第６位と発表されている。日本の面積の約20倍もあるオーストラリアの海岸線が日本よりも短く世界第７位であるのは驚きだ。

フランスの数学者マンデルブロは、ＩＢＭの研究所で綿花の価格変動を調べていた際、価格変動のグラフが自己相似になっていることに気づき、このような特徴を一般化して「フラクタル」と名付けた。

スウェーデンの数学者コッホによる「コッホ曲線」は代表的なフラクタル図形だ。

コッホ曲線は、「線分の長さを3等分し、真ん中の1つを1辺とする正三角形の他の2辺で置き換える」という操作を行い、出来上がった辺それぞれについてさらに操作を繰り返すことで得られる。図は、最初の線分に3回操作を行った様子である。繰り返し操作を行うと、線がどんどん複雑になっていくのがわかるだろう。

ここで、コッホ曲線の長さを考えてみる。

最初の線分の長さを1とすると、1／3の長さである真ん中の1辺が減り、その部分に、1／3の長さの辺が2本増えるので、操作後の長さは4／3になっている。毎回の操作のたびに、各線分の長さが4／3倍されるから、コッホ曲線全体としても4／3倍の長さになる。

こうやって、1より大きい数をかけていくので、この操作を繰り返し行っていくと、コッホ曲線の長さは無限に長くなっていくことがわかるだろう。**両端が固定されていて見えているのに、その間の長さが無限に長くなっていく**って、なんとも不思議な曲線だ。

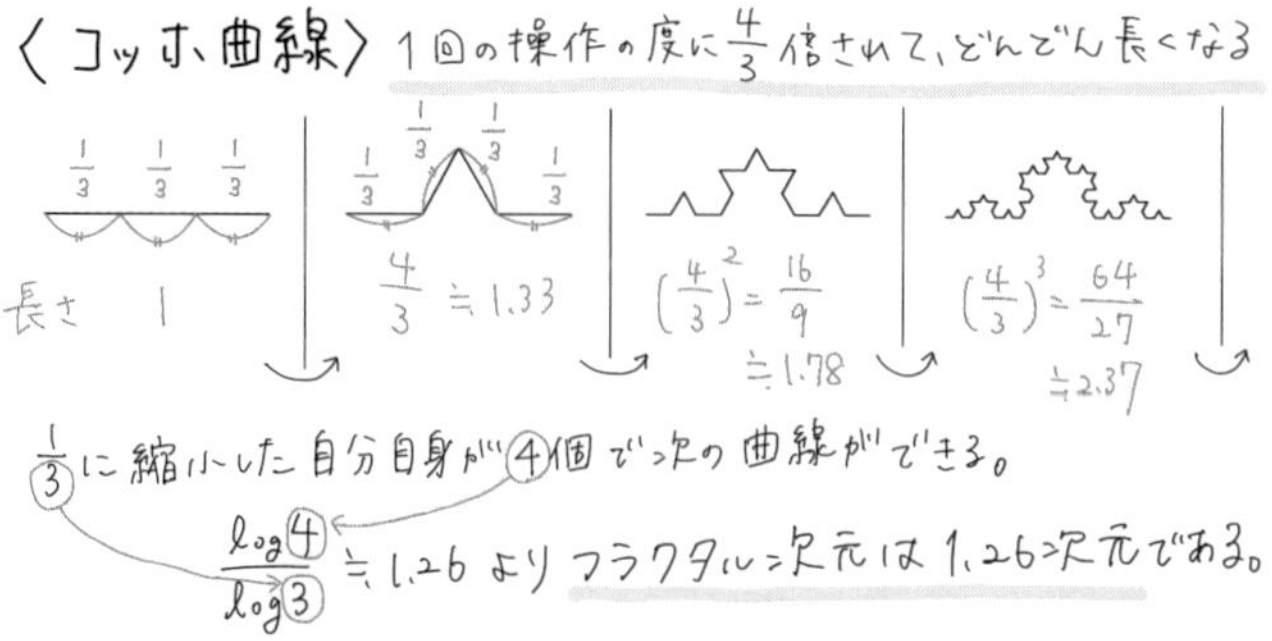

〈コッホ曲線〉 1回の操作の度に $\frac{4}{3}$ 倍されて、どんどん長くなる

長さ　1　　　$\frac{4}{3} \fallingdotseq 1.33$　　　$\left(\frac{4}{3}\right)^2 = \frac{16}{9}$ $\fallingdotseq 1.78$　　　$\left(\frac{4}{3}\right)^3 = \frac{64}{27}$ $\fallingdotseq 2.37$

$\frac{1}{3}$ に縮小した自分自身が ④ 個で次の曲線ができる。

$\dfrac{log④}{log③} \fallingdotseq 1.26$ より フラクタル次元は 1.26次元である。

人間の体内でも、血管の分岐構造や大腸の内壁などは、フラクタル構造を利用することで、体積に限りがある体内で効率的に長さや表面積を増やしている（もちろん、自然界では無限に続く自己相似が成立しないため、コッホ曲線のような厳密なフラクタルではない）。

さらに、フラクタル構造の複雑さを数値化できる「フラクタル次元」というものが定義され、さまざまな分野の研究に利用されているのが興味深い。コッホ曲線のフラクタル次元は1・26と計算できるのだが、整数値ではない次元って、結構な驚きではないだろうか。

例えば、医療の分野では、腫瘍の良悪性や癌の異型度の推定にフラクタル次元を使っており、大腸内壁のフラクタルについて、良性腫瘍はフラクタル次元の平均が1・38程度であるのに対し、癌はフラクタル次元の平均が1・50以上になっているという報告がある。

また、あるスーパーサイエンスハイスクールにおいては、高校生がさまざまなマンガに対して、図柄のフラクタル次元を計算することで、話の起承転結と共に図柄の複雑度がどのように変化するかを調べる研究も行われている。

さて、そろそろ茹で上がったロマネスコをいただこうと思う。そういえば、ロマネスコの螺旋にもフィボナッチ数が隠れているので、食べる際はぜひ螺旋の数を数えてみてほしい。

大山口菜都美

STORY

16 列に並ぶ時

銀行のATMやテーマパークのチケット売り場など、いくつか窓口があるところに並んだ経験は皆あるだろう。銀行のATMコーナーで並ぶことを想像してみてほしい。いくつかのATMに対して、一列の大きな列を作り先頭の人から順番に空いたATMを使用する列の作り方と、それぞれのATM毎に列を作り並ぶ列の作り方などがある。最近の銀行では、前者の列の作り方をよく見かけるような気がするがどうだろうか。ATMがたくさんある場所や、テーマパークなどでは、途中までは一列でその先で分岐している列の作り方なども見かける。

これらの並び方は、ただ列に並ぶだけなので、どれもそんなに違いがないと感じる人もいるかもしれないが、大きな違いがある。

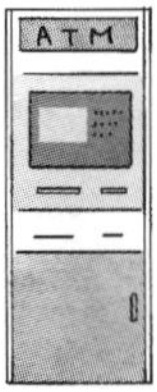

左の絵の並び方Aの方は、順番に並ぶだけなので、列の一番後ろに並んで、列が進むのを待てば良い。並び方Bの方は、まずどの列に並ぶのか「どこが一番早いかな?!」と思案しながら列を選び並ぶことだろう。どのような違いがあるのか見てみよう。

並び方Bの方から。

■並び方A

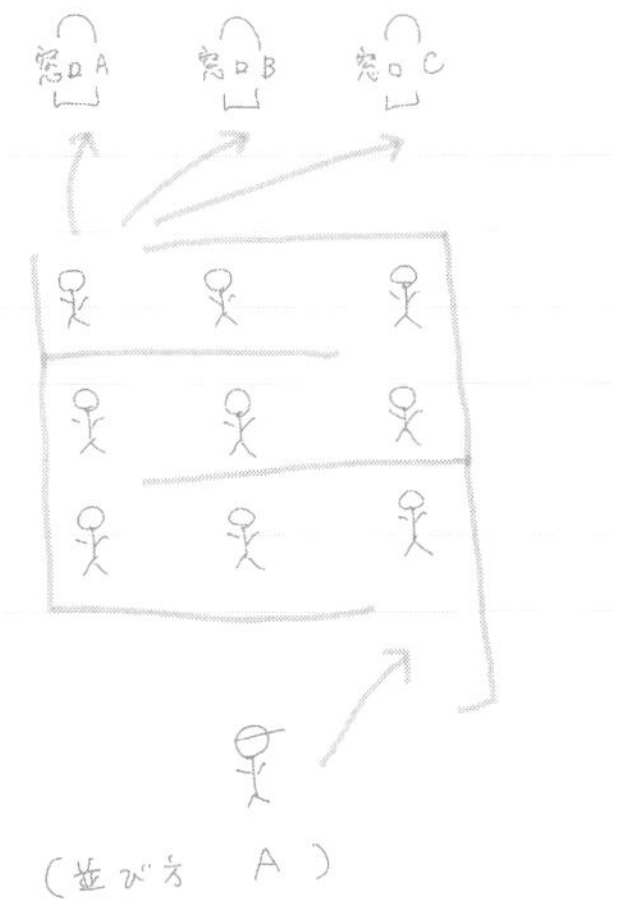

■並び方B

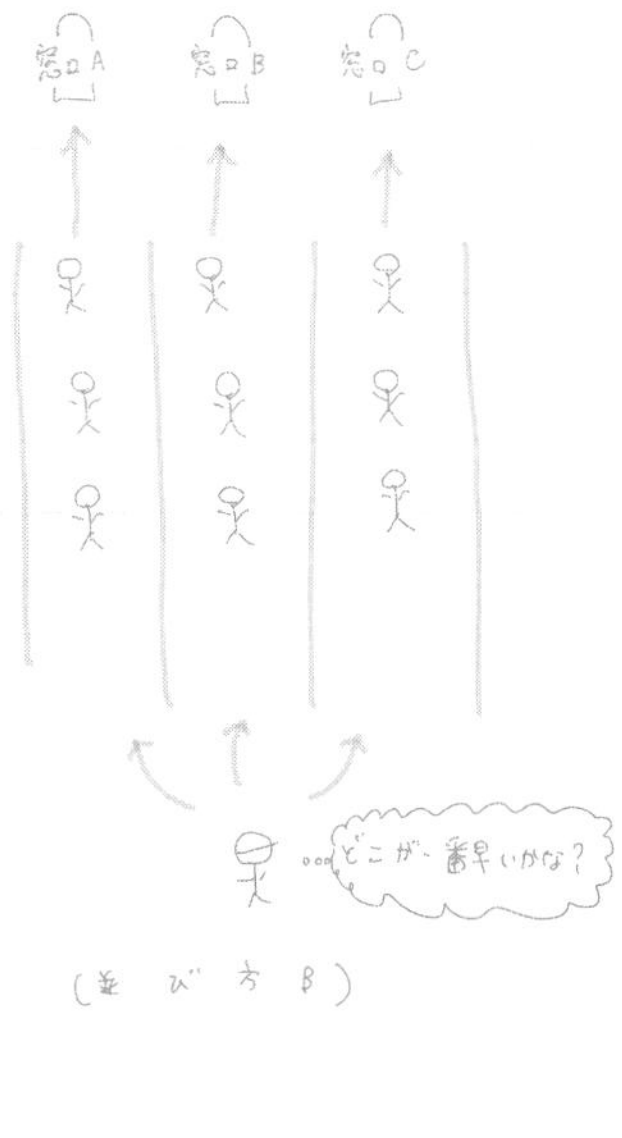

それぞれの列に並んでいる人がそれぞれ人の横に書かれている時間だけ窓口で時間がかかったとすると、窓口Aの列は6分、窓口Bなら8分、窓口Cなら4分待って窓口に到達することになる。もちろん窓口に到着するまで、前の人がどれくらいの時間がかかるかわからない。列に並んでいる間、「隣の列に並んだらよかったな」とか「この列は早くてラッキーだ」と考える人もいるかもしれない。

並び方Bだと、どの列に並ぶかで並ぶ時間が変わる。今の場合だと、6分、8分、4分なので、平均して6分並ぶことになる。

では、並び方Aだとどうだろう。同じお客さんが並び方Aに並んでいるとしよう。並び方Aの場合は、先頭の人が順番に空いた窓口に進んでいくので、次のような図を使って何分待つか考えることにしよう。

■並び方B

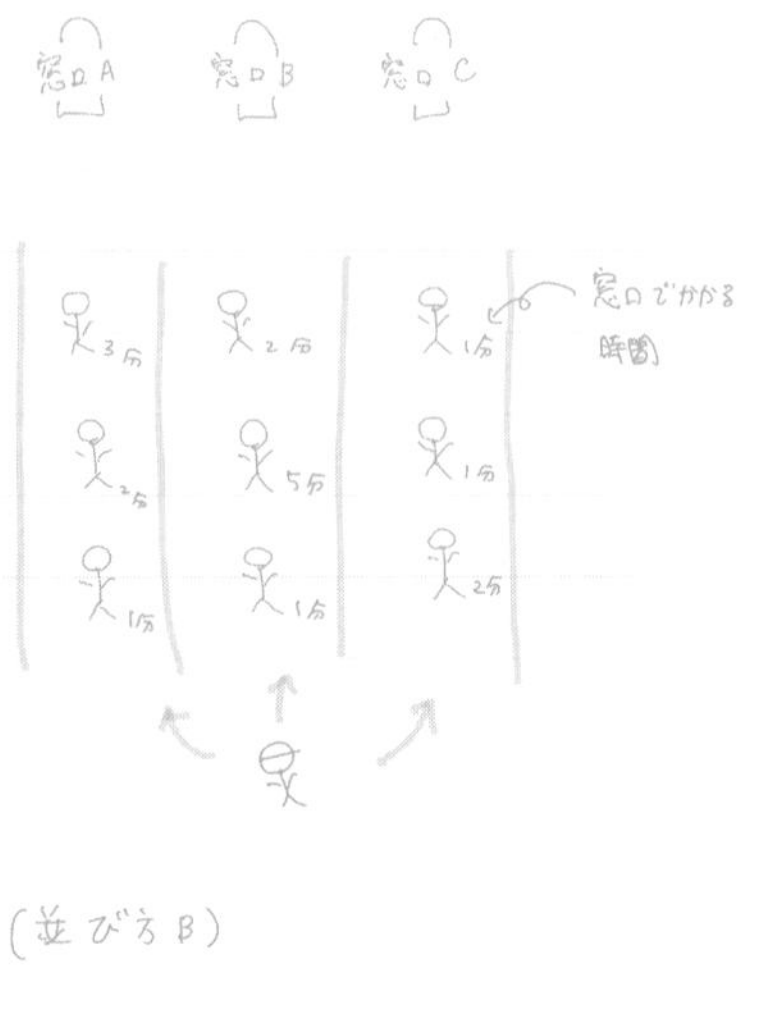

横に時間軸をとり、窓口が空いた順番に前の人が窓口を利用していく様子を図に表してみると、列の最後に並んだ人は、5分待つと窓口がひとつ空き利用できることがわかる。並び方Bと比べてみると**並び方Bの平均待ち時間6分より早いことがわかる。**

■並び方A

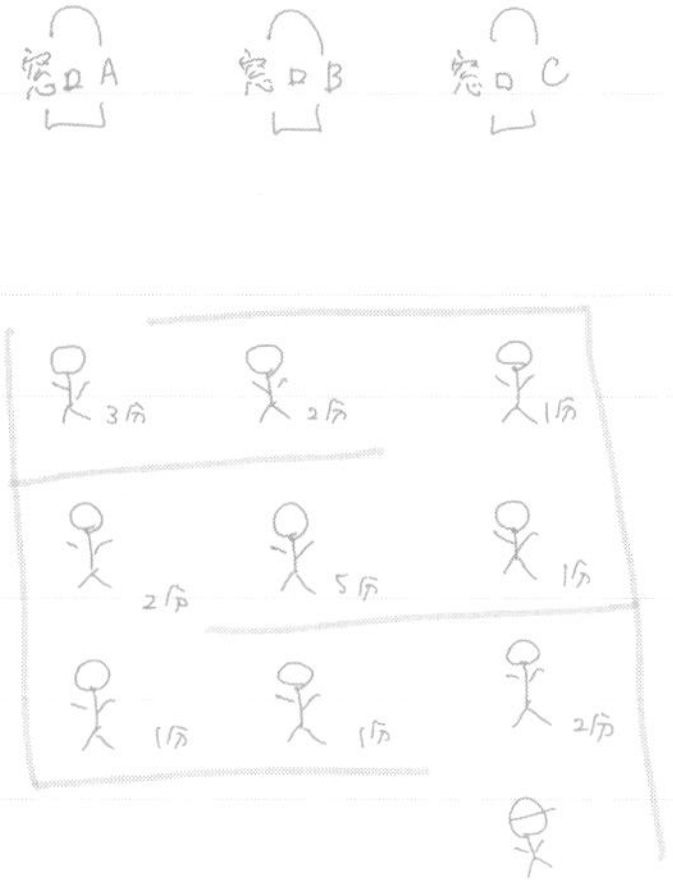

■並び方A 待ち時間

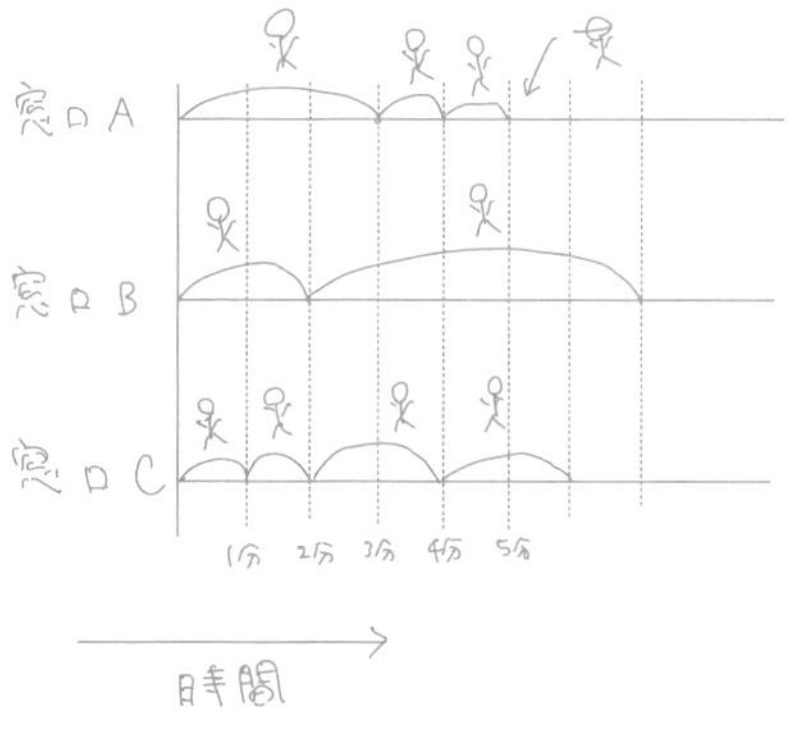

並び方Aの方が効率良く（不平なく）並べることが何となくわかってもらえたと思う。待ち時間の効率の良さを比べる際に平均という言葉を使ったが、このように平均を比べることで、数値的に効率の良さを伝えることができるのが数学の良いところだ。

平均だけでなく、**分散**という指標もある。データの散らばり具合を表す指標である。同じ平均の値でも、値の取り方は様々で、平均から離れている度合いを数値で表す。

例えば、並び方Bの窓口を思い出してみよう。

並び方Bでは、それぞれの窓口の列に並ぶと6分、8分、4分の待ち時間となり、平均して6分待つということだった。同じ平均6分でも、6分、6分、6分の場合もあれば、12分、2分、4分、の場合もある。それぞれ平均は6分で同じだが様子が違うことはすぐにわかると思う。それぞれの分散を計算してみると次のようになる。

分散の大小で、平均からどれくらい散らばっているのかがわかる。待ち時間で考えると、同じ平均待ち時間でも分散が大きいと、平均よりすごく長く待つ人がいるかもしれないし、

■分散

平均との差の2乗の平均

6分，8分，4分　の分散は

$$\frac{(6-6)^2+(8-6)^2+(4-6)^2}{3}=\frac{8}{3}$$

6分，6分　6分の分散は

$$\frac{(6-6)^2+(6-6)^2+(6-6)^2}{3}=0$$

12分，2分，4分の分散は

$$\frac{(12-6)^2+(2-6)^2+(4-6)^2}{3}=\frac{56}{3}$$

思ったより待たなくて済む人もいるということになる。同じ平均でも分散を調べることで、不平不満が出る可能性（窓口によって、待つ時間が違った！といった苦情が出る）の程度を分散で見ることもできるのである。

また歪度（わいど）や尖度（せんど）という、平均のどちらの散らばりが広いかをみる指標や、尖り具合を調べる指標もある。あまり聞き慣れない指標でも、何か比べる時に役に立つことがあるかもしれない。ただ長蛇の列に並んでいるときにこの並び方を考えていると、イライラが増してしまうかもしれないので要注意だ！

嶽村智子

STORY 17

コロナで耳にした「指数関数的」

【指数関数】

天然痘、ペスト……人類はこれまでに幾度となく感染症と戦ってきた。しかし、まさか自分の生きている現代で未知のウイルスに生活が脅かされる日が来ようとは。

新型コロナウイルスが猛威をふるい始めたころ、著者は多くの解説者が使っていたある言葉が気になった。

「指数関数的に増える」

高校などである程度数学を勉強した理系の人には問題ないだろうが、文系の人たちにこの言葉の意味は通じるのだろうか？　解説者らがこの表現を使うのは、大体感染者数のグラフが画面に映し出されている時なので、なんとなく「時間が経てば経つほど爆発的に増えていく感じの曲線を描くこと」が「指数関数的に増える」という言葉に対応することはわかるかもしれない。

しかし、指数関数は増えるだけでなく、減る場合もある。特にコロナ関連のニュースでは、感染者が増えている時には大々的に報道し、感染者が減ってくると話題は規制の緩和に移ってしまうので、「指数関数的に減る」という言葉は聞かなかったように思う。それでも、感染者の増加・減少に深く関わっている概念、「実効再生産数」については何度も耳にしたはずだ。

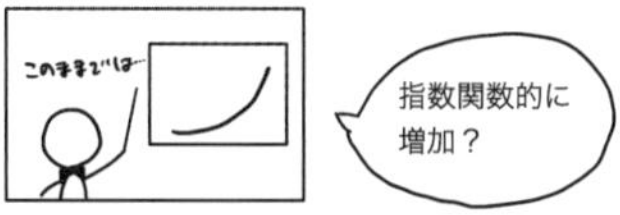

ここでは指数関数とはどういうものなのか、そして実効再生産数という言葉が指数関数とどのように関わっているのかを紹介したい。

そもそも指数関数とはどういうものなのだろう？

まず、ある細菌が1分ごとに2個の細菌に分裂していく様子を思い浮かべてほしい。初めは1個だった細菌が1分後には2個、2分後には4個、3分後には8個に分裂していく様子が想像できるだろう。

では次に、ある細菌が1分ごとに3個に分裂していくとしよう。今度は、1個だった細菌が1分後には3個、2分後には3×3で9個、3分後には3×3×3で27個（いきなり多くなる！）に分裂していく。よって、これらの様子を点として一つの表に書き込むと、2個より3個に分裂するときの方が急なカーブを描くことになる。

今、細菌の分裂を例に出したが、今度は1年後に高さが2倍になる木を考えてみよう（初めにその木は1mの高さであるとする）。すると、1年後には2m、2年後には4m、3年後には8mになるので○年後の木の高さは先ほどの図と同じように点として表示でき、しかもその点の様子は細菌分裂の例と全く同じになる。

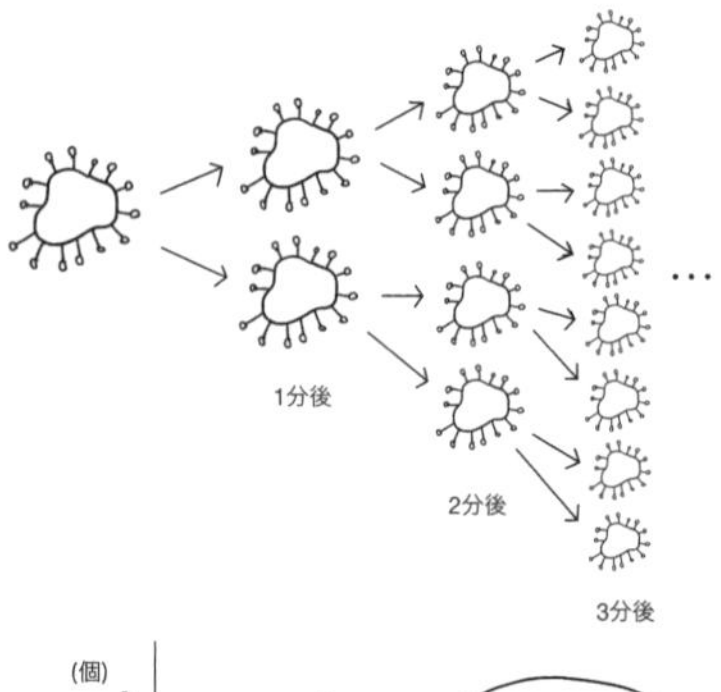

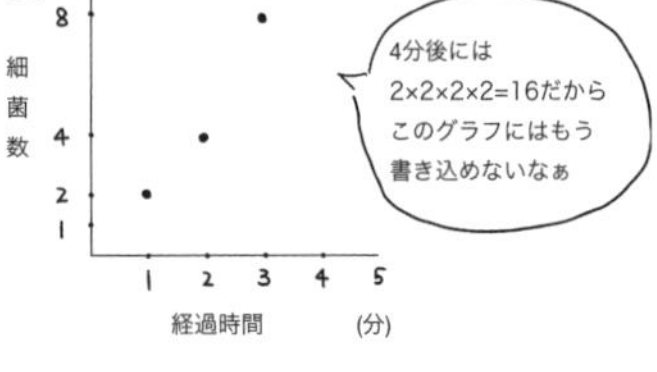

ただ、今回の場合は1年後にいきなり2倍になるわけではなく、徐々に高さが高くなるので、区切りの良い1年後だけでなく、半年後の高さも考えることができる。よって、○年後の木の高さは点ではなく、左の図のように曲線で表すことができるのだ。

この○年後の○をx、○年後の木の高さをyで表すことにすると、このxとyの関係は$y=2^x$という式で書き表すことができる。あまり式について詳しく解説するつもりはないが、この式は2×2×2が8になることを$2^3=8$と書くのと同じように、2をx回掛けるとyになることを表している。しかも、このxは木の高さの例で説明したように、整数である必要はなく、実数でよい。

このように、ある数字○のx乗で表される関数のことを「○を底とする指数関数」という。つまり、**同じ数を何度も掛け合わせるとどうなるか、を知ることができる式**、というわけだ。

■指数関数のグラフ

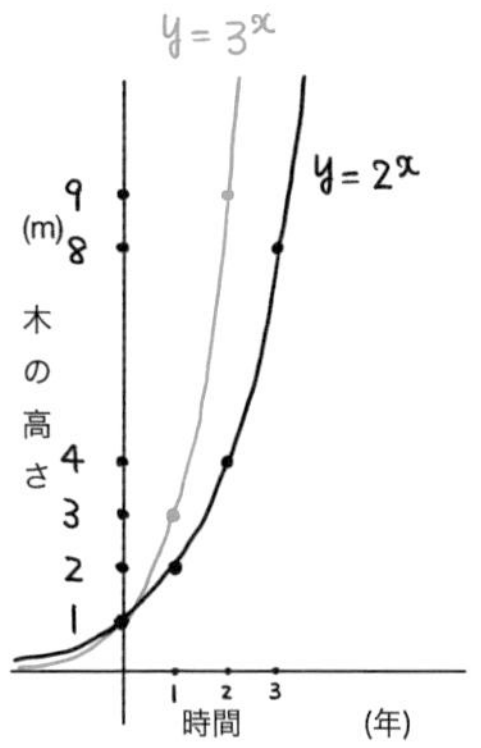

これまでの例からもわかるように、指数関数というのは○の部分の数字が変われば、曲線の上がり具合が変わる。特に○の部分の数字が大きくなれば、この曲線の上がり具合はどんどん急になっていくのだ。ちなみに、初めの例の細菌の分裂数は先ほどのグラフの、横軸が整数のところを見ればわかる。よって、やはり指数関数のグラフから細菌の分裂数も予測することができるのだ。

ここまでは○が2と3の場合の話をしたが、○が1より小さい正の数の場合はどうなるのだろうか（指数関数では負の数が底になることはない）？

例えば、ある空気清浄機を稼働させると、1時間でその部屋のウイルスの量を半分に減らすことができるとしよう。1時間でウイルスの量が元の量の1／2になるわけだ。この空気清浄機を何時間も使い続けたときに、その部屋のウイルス量はどうなるだろうか？

1時間後に1／2、2時間後には1／2×1／2で1／4、3時間後には1／2×1／2×1／2と元のウイルス量の1／8になる。

■ウイルス半減

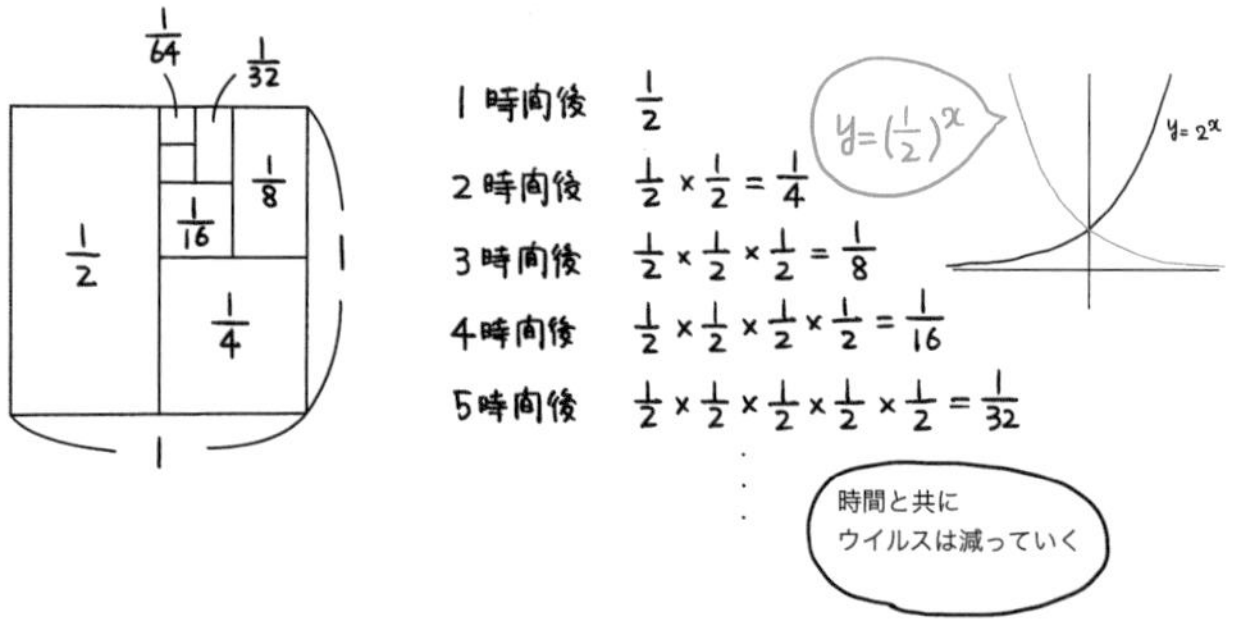

この例の場合も、ウイルス量は1時間後にいきなり半分に減るわけではなく、徐々に減少するのでそこには指数関数が現れる。ただ、今回のグラフは右下がりだ。

これまで見てきたように、指数関数のグラフは、曲線が右上がりの場合は時間が経つにつれ数値が極端に大きくなり、右下がりの場合は、初めにガッと数値が下がり、その後はカーブの傾斜が緩やかになっていく。

ではどのような場合に指数関数のグラフは右上がりになり、どのような場合に右下がりになるのだろうか？ 実はこれまで○で表してきた数、底によって決まっている。正確には**底が1より大きいときに右上がりに、底が0より大きく1より小さいときに右下がりになる**のだ。

■実効再生産数

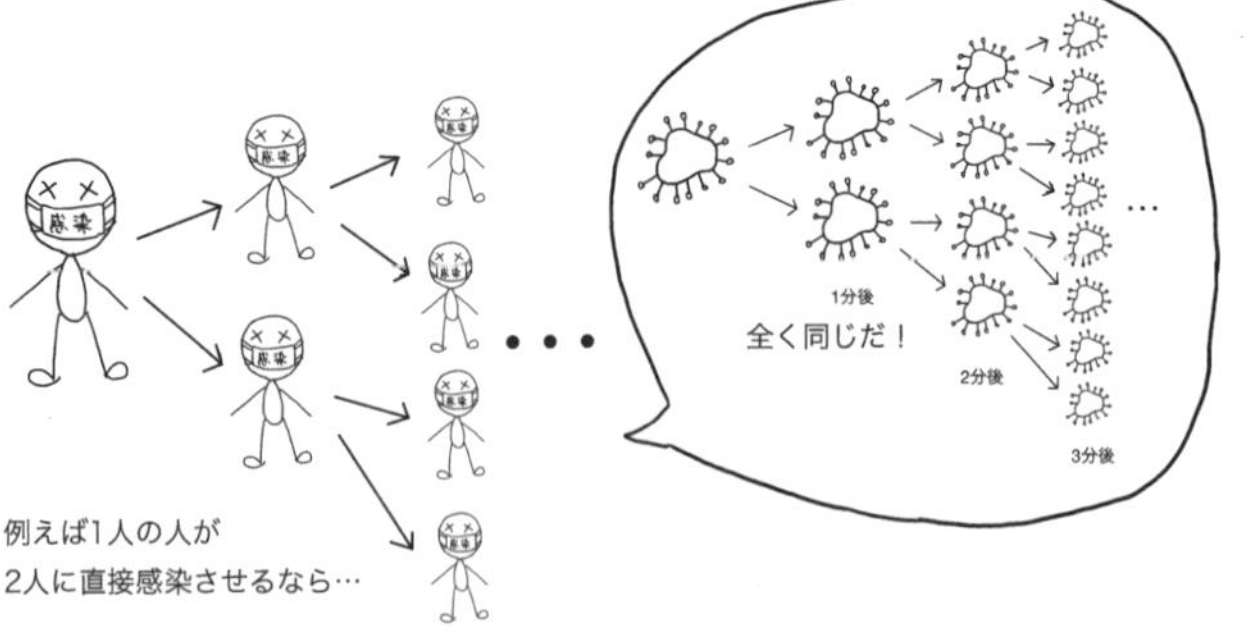
感染
1分後
全く同じだ！
2分後
3分後
例えば1人の人が
2人に直接感染させるなら…

そろそろコロナウイルスの話に移ろう。実際に指数関数は、ウイルスの増殖、何かの感染者数の増加、人口増加などを予測したりするときによく使われる関数である。特に感染症の拡大に関してポイントになるのが、基本再生産数と実効再生産数だ。

基本再生産数（元々人口学で作られた概念であるらしい）とは、疫学では、**「1人の感染者が、誰もその感染症に対して免疫をもっていない集団に入ったときに直接感染させる人数の平均を表す値」**であるらしい。例えばインフルエンザはこの値が1〜3だそうだ。1人の感染者が、その年のインフルエンザの免疫を持たない集団の中で1人から3人に移してしまうくらいの感染力、ということになる。

では、実効再生産数は基本再生産数と何が違うのか？　**実効再生産数**は「**既に世の中に感染が広がっている中で、1人の感染者が次に直接感染させる人数の平均を表す値**」である。実際に感染が広がっているということは、中には感染防止の努力をしていたり、既に免疫を獲得したりしている人がいるだろう。そのような要素の影響を受けるので実効再生産数は時間と共に変化していく。

しかし、ある時点に固定してしまえば、基本再生産数も、実効再生産数も、初めに例に出した、細菌が2個に分裂する話とほぼ同じ状況を与えていることに気づくだろう。

よって、感染が拡大した後の感染者数は実効再生産数を底とした指数関数によって予測できる（1つのモデルとして）。先ほど、指数関数は底の値が1より大きくなったらグラフが右上がりになる、と書いたが、これを今の状況に合わせて言い換えると、実効再生産数が1より大きければ感染者数は指数関数的に増加し、1より小さくなれば、感染者数は指数関数的に減少する、というわけだ。

また、底が少し大きくなっただけでその指数関数が描く曲線の傾斜が急激にきつくなるということは、少し実効再生産数が増加するだけで感染者が爆発的に増えることを意味している。

そのような理由から、専門家たちは「とにかく実効再生産数を少しでも減らすことが重要だ」とメディアでしきりに言っていたわけである。個人個人のちょっとした努力が大きな成果を生む、というのはこのような科学的根拠によって言われていたことなのだ。

この節で述べた指数関数による予測は1つの数理モデルに過ぎないし、未知の状況に対し、どこまで現代の科学で予測ができるのかはわからない（もちろん専門家たちは日々、少しでも予測の精度を上げようと研究しているのだろう）。

しかし、当初日本が他国に比べて感染者数の増加を抑えられていたのは、意味があるのかないのかわからないと思いながらもマスクをしたり、こまめな消毒をしたりという個々の努力の積み重ねや、家に上がるときは靴を脱ぐといった日本人の生活習慣など数えきれない小さなことが積もり積もって実効再生産数に影響しているのではないかな、などと今となっては思ったりもする。

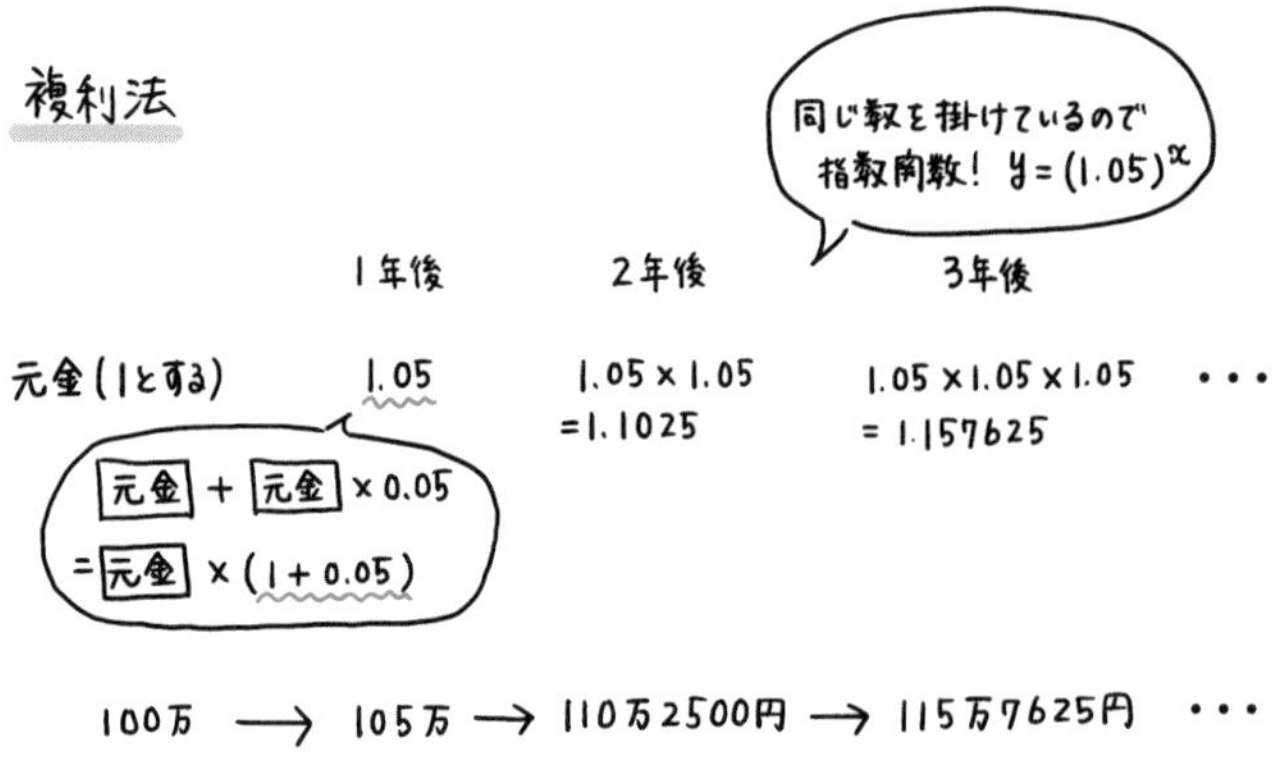

ここでは指数関数について、コロナウイルスとの関係に焦点を絞って説明したが、この指数関数というのは人口や感染者数などの疫学・統計的な分野だけでなく、社会の色々なところに登場する。

例えば、預貯金の際の利子。

特に複利法では、元金とその期間までに生じた利子を合わせた金額に利子がつくので、年利が5％（つまり0・05）のときには翌年の貯金額は元の元金にこの利子分（元金×0・05）を足した「元金×1・05」という金額になる。更にその翌年にはこの金額全体に1・05がかかるので「元金×1・05×1・05」という金額になる。

つまり、元金に「1・05を何回掛けるか」で数年後の預金額が計算でき、そこで指数関数が登場するのだ。

また、減少する指数関数の例としては、放射性物質の減少具合や（実は放射性物質の崩壊は底が1／2の指数関数を使えば計算できる）、海底に行けば行くほど暗くなる、という水中の明るさの変化が挙げられる。

更に、指数関数と関係が深い（対応しているとも考えられる）関数として、対数関数というものがある。その関数は地震の規模を示すマグニチュード、星の明るさの等級、水溶液の酸性・アルカリ性を示す指標であるｐＨに現れる。

日ごろの生活の中では意識しないと思うが、皆さんのごく身近なところに指数関数や対数関数が溢れているのだ。

STORY 17 コロナで耳にした「指数関数的」

酒井祐貴子

STORY 18

しゃぼん玉

【極小曲面】

しゃぼん玉遊びは、お好きだろうか？ 公園でしゃぼん玉遊びをしている子どもを見るとついついしゃぼん玉を目で追い、光にあたり七色になる様子や高くまで飛んで弾ける様子を観察してしまう。

しゃぼん玉がどうしてあんなに綺麗な丸（球体）なのかというのは、あなたもどこかで聞いたことがあるかもしれないので、ここでは**しゃぼん玉（正確にはしゃぼんの膜）と方程式の解**について紹介したいと思う。

方程式の解と言われた瞬間に、えっ!? なんか嫌な予感と思った方もいるかもしれない。

■解の公式・判別式

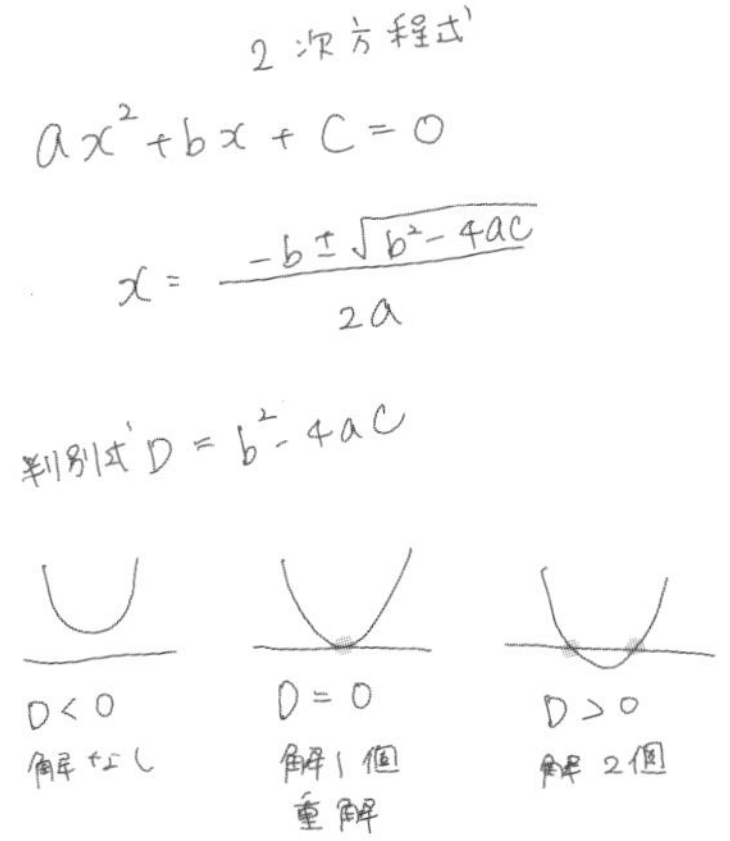

高校時代に、二次方程式の解の公式、解の存在と判別式という分野で、呪文のように公式を唱えたことがあるのではないだろうか。

二次方程式の解が存在するのか、解が存在するときにはいくつ解があるのかということを、公式を唱えながら解いた記憶がある人も多いと思う。

「解があるのかないのか、あるなら何個そのようなものがあるのか」という疑問に縁遠い気持ちもするかもしれないが、たとえば家からデパートへ出かける際に「家からデパートへ行く方法はあるのかないのか、あるならどんな方法がいくつあるのか」と自然に考えて移動手段を決め

ると思う。それを考えていることと同じようなことだ。

少し話がそれてしまったので、しゃぼん玉の話を。最近のしゃぼん玉遊びグッズには、口でストローみたいなものを吹くものだけではなくて、自動でたくさんのしゃぼん玉が出てくるものや、丸い輪っかをしゃぼん玉液につけて、大きなしゃぼん玉を作ることができるものもある。

ここでは、自作した枠にしゃぼん膜がどのようにできるのか見てみることにしよう。

例えば、上の絵の輪をしゃぼん玉液につけると、どんな風になるか皆さんすぐに想像できると思う。右側の立方体の枠をしゃぼん玉液につけるとどんな膜が張るだろうか？

絵で描くとこんなふうになる。

■枠

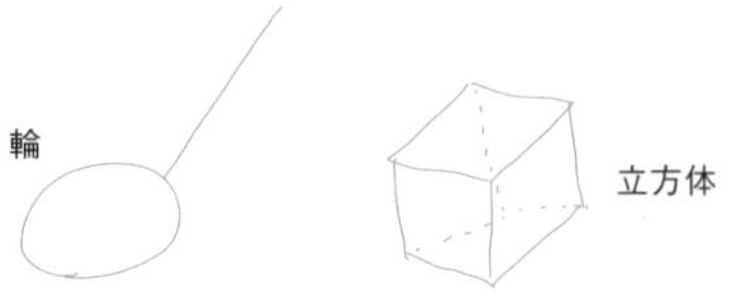

■輪にはるしゃぼん膜

■立方体にはるしゃぼん膜

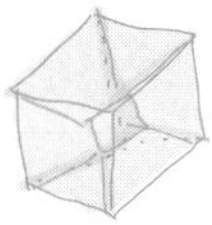

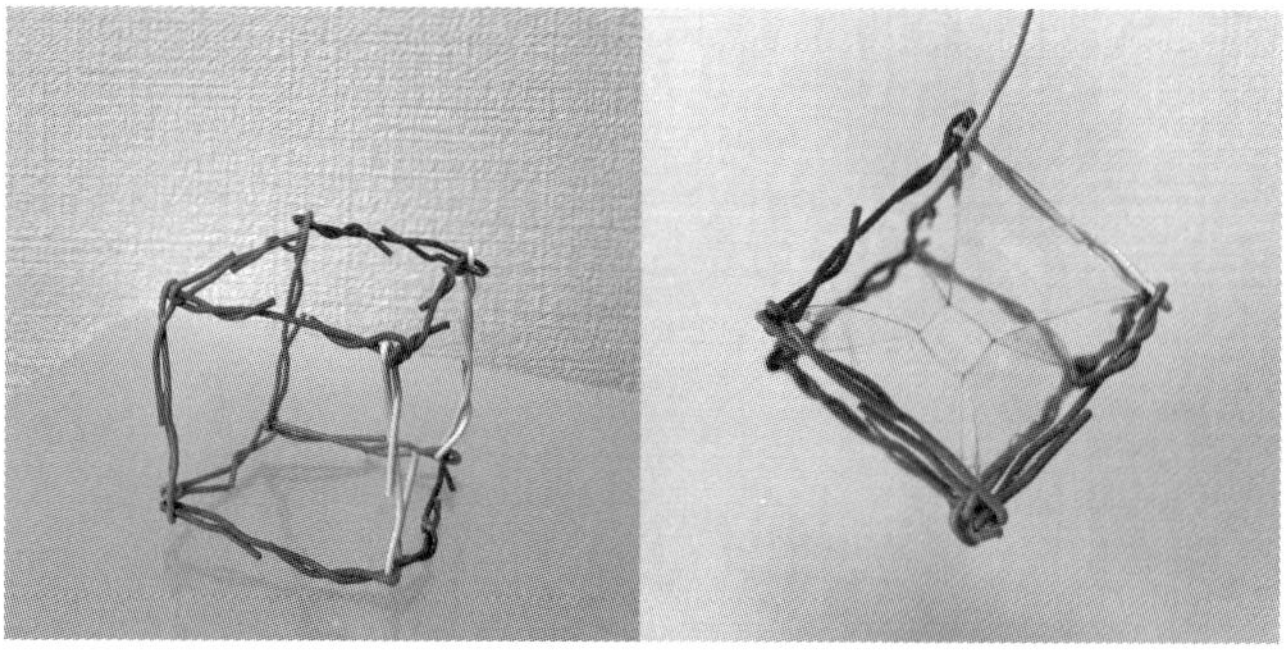

左：しゃぼん液につける前　右：しゃぼん液につけた後

　どのようになるのか上手く絵で描けないので、実際に筆者が自作した枠と膜の写真だ。クリップを変形させて作った立方体をしゃぼんの液につけてみると上のようになる。

　どうだろう。予想通りだっただろうか（私の画力の無さも同時に伝わっただろうか）。立方体の枠の中央に正方形のような四角形ができるのである。

　しゃぼん玉が球になるのは、しゃぼんに含まれる空気の量を包むしゃぼん膜になるべく余計な力が加わらないように**表面張力を最小にしているから**ということをどこかで聞いたことがある方もいるかもしれない。

表面張力というと難しさを感じるかもしれないが、表面張力と表面積は比例していて、含む空気が一定の時になるべくしゃぼんの膜が少なくてすむように包み込むと球になるのだ。

それと同じように**枠を作ってしゃぼん液につけてできるしゃぼんの膜は、表面張力を極小（最小）にしていて、面積も小さくなる**ように自然と張られている。数学の分野の言葉で言うと**極小曲面（平均曲率0）**という。

枠を作ってしゃぼんの膜を張ることは簡単だが、数学の問題として極小曲面を求めることはそう簡単なことではない。解が存在することを示すことも大変だし、その解が一つなのか二つなのか、はたまたたくさんあるのか、どれも面白い問題だ（まだまだ他にも興味深い問題はたくさんある）。

それでは、次の枠に張られるしゃぼんの膜はどうなるだろうか。

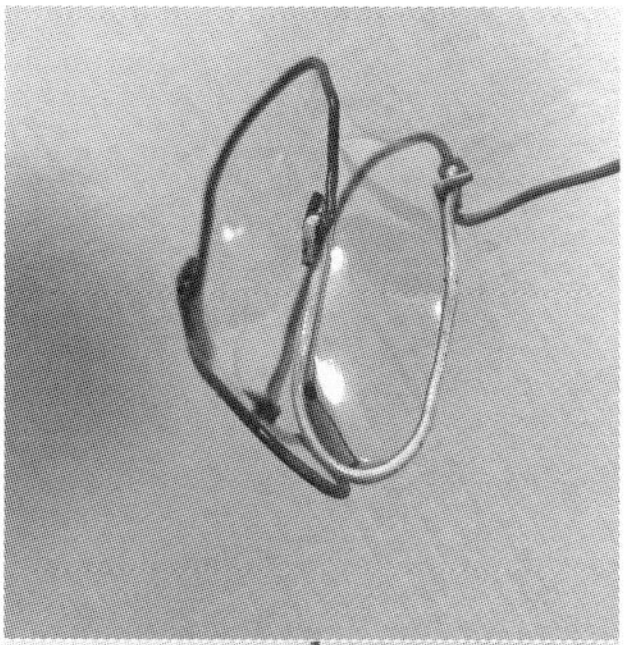
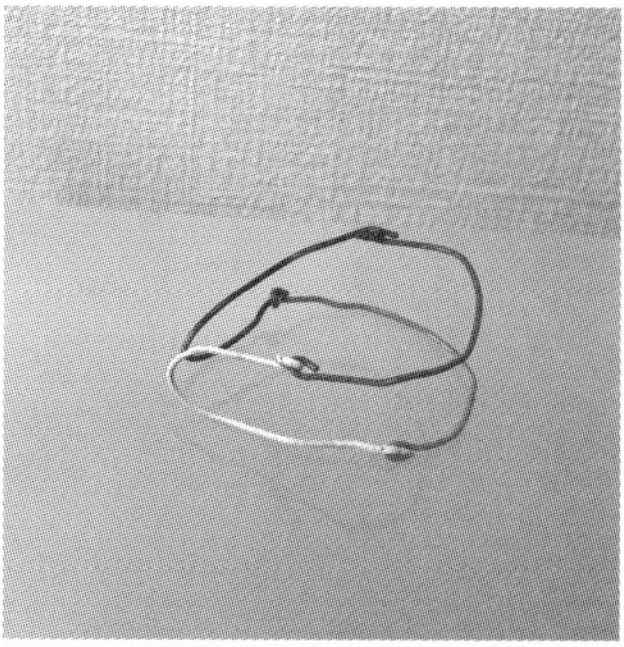
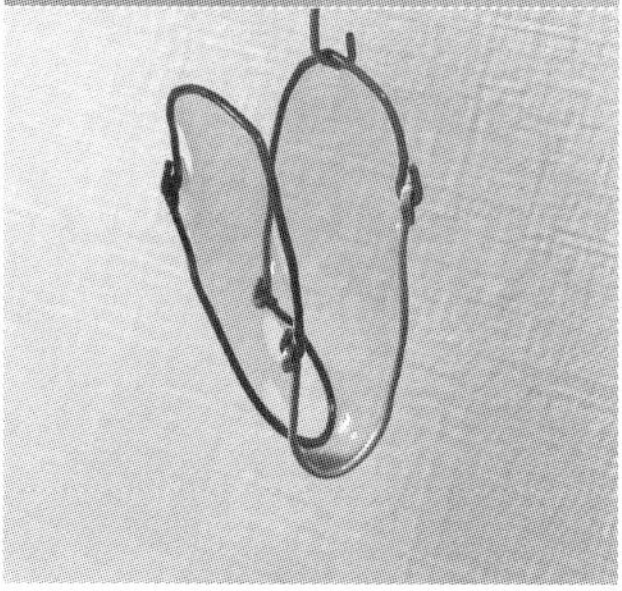

しゃぼんの膜を張った結果の写真を2枚見てみよう。

違いがわかるだろうか。

実は、同じ枠だが、しゃぼんの膜の貼り方が違うのだ（ここでは、私の画力だけでなく、写真で何かを表現する力もないことがばれてしまった）。

実は、この二つのしゃぼんの膜は、同じ枠に対して違う膜が貼っているのだ。

どのような膜が貼っているのか次の絵を見てみてほしい。

同じ枠に対して、しゃぼんの膜

■異なる膜がはる枠

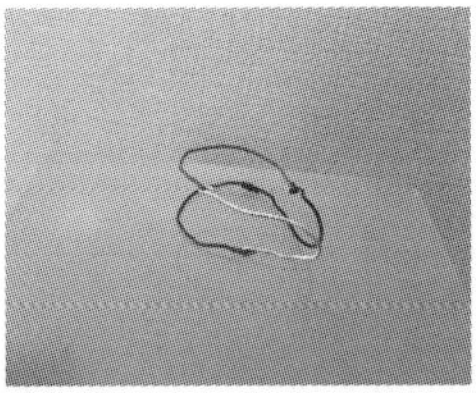

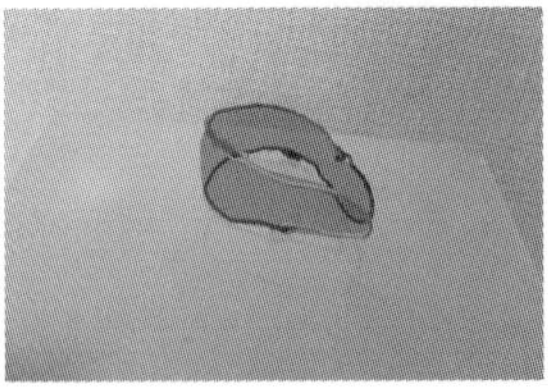

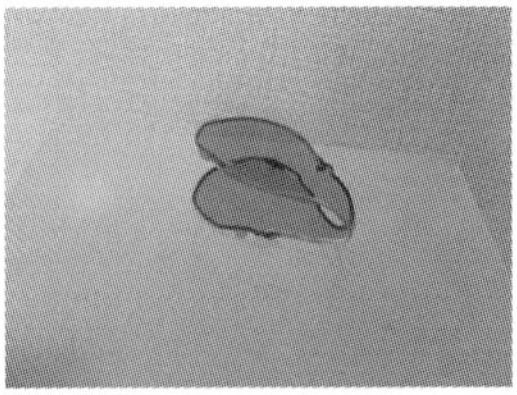

の部分に色をつけている。これはEnneperの曲面と同じ境界をもつ極小曲面を目指して枠を自作したものだ。実際、自分で枠を作って、異なるしゃぼんの膜になる例を作ることも楽しい。

これ以外にもまだまだたくさん異なる膜を張るしゃぼんの枠があるので、興味のある方は自作で枠を作ってみてチャレンジしてみてほしい。

今回私が自作した枠だ。クリップとペンチで工作した。

枠を作ってしゃぼんの膜を張ると、自然とそれはその枠のもとで極小曲面となるものを求めているのだ。

■自作の膜

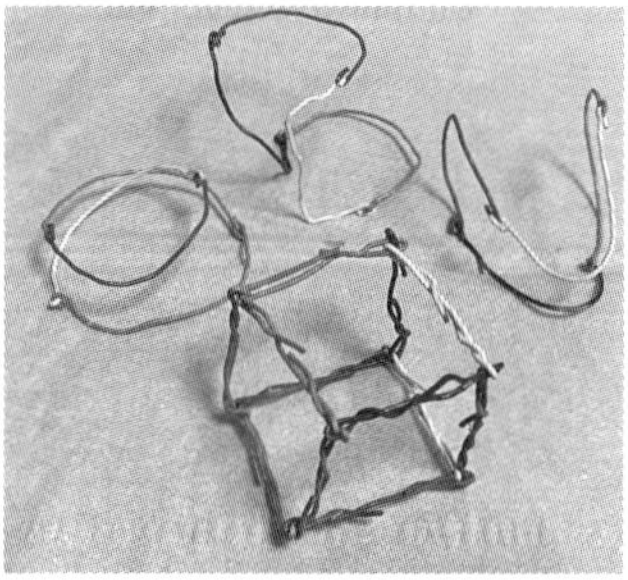

しゃぼんの膜から極小曲面引いては曲率の話に興味も
持っていただけると嬉しい。

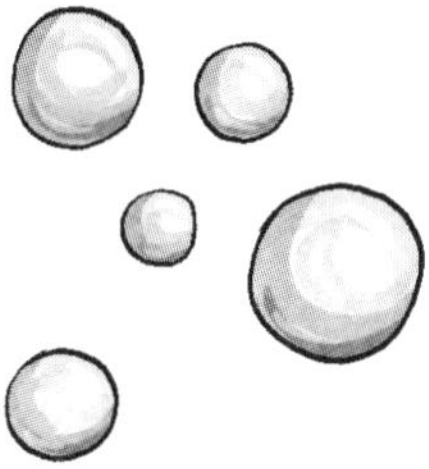

嶽村智子

STORY 19

数学が音楽を作っている?!

ここ数年の中の筆者の大きな買い物といえば、コロナ禍で買った電子ピアノだ。20年以上ほぼピアノに触れない生活を送っていたが、空港などで人々が思い思いにピアノを演奏するテレビ番組やネット動画などの影響で急に鍵盤に触りたくなった。

このように書くと、あたかも筆者がピアノ上級者のように見えるかもしれないが、全くそんなことはない。小さいころは日々の積み重ねの基礎練習が苦手で、いつも発表会の前だけ慌てて練習をする感じ。早くから習い始めた割には絶対音感もなく、曲本来のスピードにはほど遠い演奏しかできない。あのテレビやインターネットの映像の中で即興で演奏する人、楽しそうに自分の世界観を表現している人を見ると憧れはするのだが。

コロナ禍では外出も制限され、同じようなことを思った人も多かったのだろう。楽器の需要が高まる中、2020年12月に注文した電子ピアノが届いたのは2か月後だったが、本当にコロナ禍の引きこもり生活の中で音楽には救われた。そういえば、この本の他の筆者はコロナ禍でアコースティックギターを習い始めたらしい（かっこいい！）。

ところで、ピアノとギター、見た目も音も全然違うように見えるが、実はある観点から分類すると（注：「音律と音階の科学」を参照）同じデジタル（digital）楽器に属していると捉えることができ、そこには既にこの本でも紹介したある共通の数学が隠れている。

デジタルと聞くとどうしても電子的なイメージがあるが、元々はラテン語起源の「指」を表す言葉digitに由来する言葉らしい。

実際digitalの意味を調べると電子工学的な意味だけでなく、「指の」という意味でもよく使われることがわかる。9話「10本の指で掛け算九九」でも書いたが、元々人類の多くは数を数えるのに指を使っていた（手の指だけではない。部族によっては足の指、さらには体の一部を数と対応させて使っていたようだ)。

コンピュータや電子機器などは0と1だけですべての数字を表す「2進数」という方法を用いてプログラミングがされており、指で数える自然数と同じとびとびの値を用いることから「デジタル」が電子工学的な意味でも使われるようになったようだ。そして、その「デジタル」と相対する概念が連続的で区切りのない量を表す「アナログ」である。


ではデジタル楽器とアナログ楽器はどのように分類されるのだろうか?

ピアノやギターのように、**そこを押さえれば特定の音(ドとかレとか……)が出るものをデジタル楽器**、バイオリン、三味線、トロンボーンなどのように、**ド、レ、ミという一般的な音階以外の音が出せるものをアナログ楽器**とする分類があるらしい。

ギターやバイオリンをきちんと見たことがない人はその違いが判らないかもしれないが、詳しくはもう少し一般的な音階の話を紹介してからにしよう。


皆さんは1オクターブをご存じだろうか。

ドレミファソラシドの1つのドから次のドまで、1つのレから次のレまでの8音を1オクターブという（黒鍵の5音と合わせると13音、また、最後の1音を入れずに12音という説明をする場合もある）。

■ピアノの鍵盤

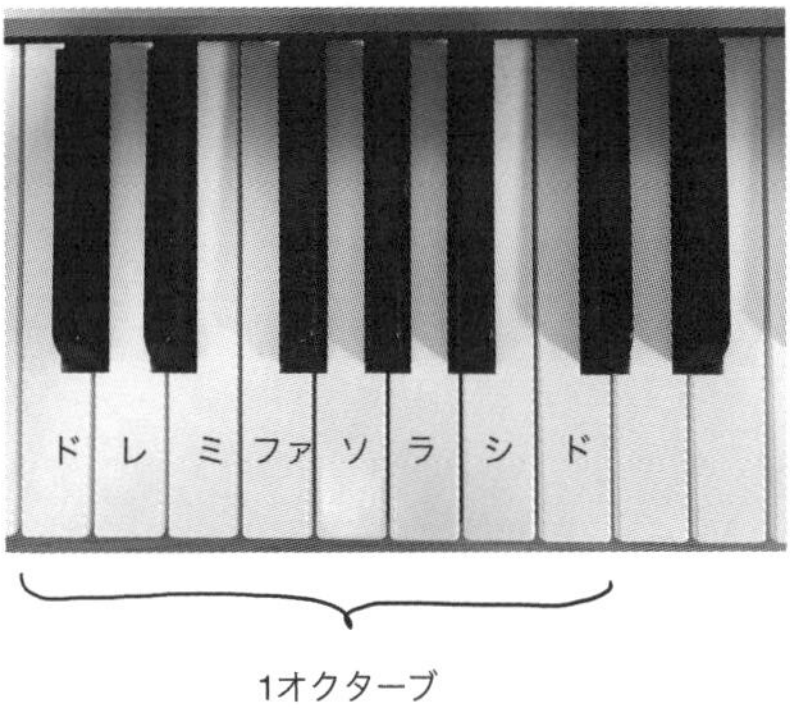

この**1オクターブの概念はピタゴラスが始まり**だというのだから驚きだ。そう、あの直角三角形の3辺の関係を与えたピタゴラスの定理（三平方の定理ともいう）のピタゴラスだ。

子どもの頃に、箱や本に輪ゴムをつけて弾いて遊んだことがある人は多いのではないだろうか。実はピタゴラスも紀元前6世紀ごろに同じようなことをしていたのだ！　琴のようなものを作り、弦をあるところで押さえてみたり、弦の長さを変えたりして色々な音色を出し研究をしていたらしい。

その中で、ピタゴラスは弦をはじいたときに出る音が、弦の長さを2倍にした時に出る音と調和することに気づいた。

ピタゴラスが調和すると感じた音こそが1オクターブ違いの音である。つまり、**弦の長さが2倍になると音が1オクターブ低くなり、逆に弦の長さが1／2になると、音が1オクターブ高くなるのだ。**

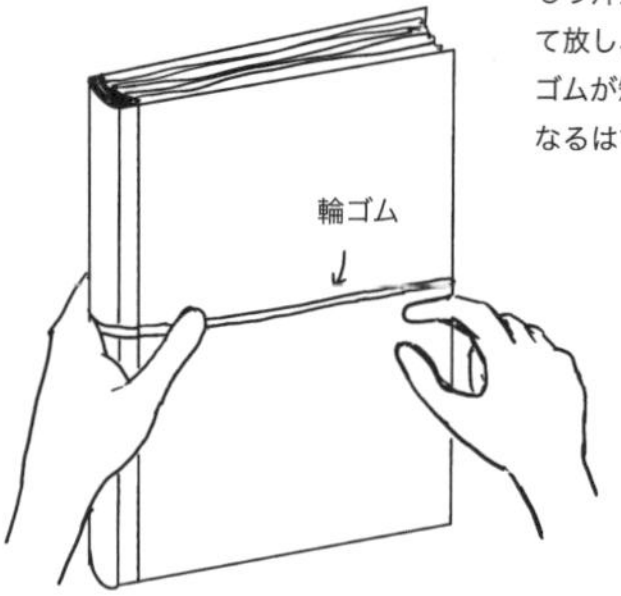

片手の親指で輪ゴムを押さえて、もう片方の手で輪ゴムを引っ張って放し、音を鳴らしてみよう。輪ゴムが短ければ短いほど音は高くなるはずだ。

音が空気を振動させる（音波が伝わる）ことによって発せられるものだということは聞いたことがあるだろう。弦の長さが短くなると出る音波の振動数が多くなり（周波数が高くなり）、それが音の高さと対応している。実際は**1オクターブ高くなると周波数は2倍になる**ことが知られている。

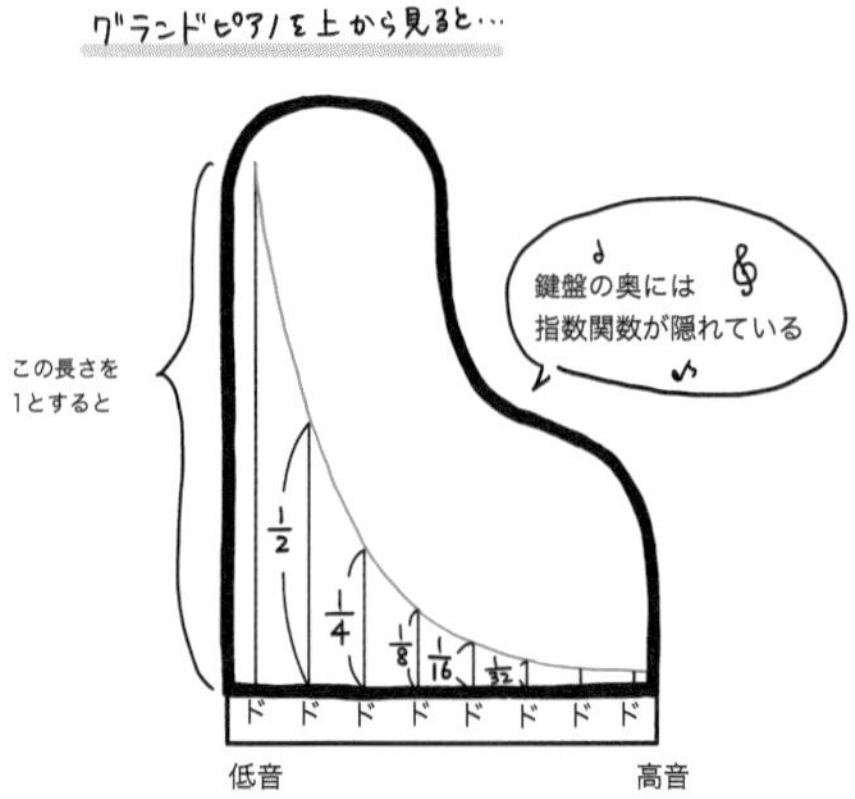

ではこれをグランドピアノで考えてみよう。

グランドピアノには硬い弦が張られており、鍵盤を押さえることでハンマーが弦を叩き、その振動によって音が出る仕組みになっている。そしてその弦の長さは基本的に先ほど書いた、弦の長さが1／2になると音が1オクターブ高くなるというルールのもとに調整されている。

実際88鍵盤のピアノは、右端がドの音で7オクターブ分の鍵盤があるのだが、これまでの話からそこに指数関数が隠れていることに気づいただろうか？　1オクターブ音が低くなるごとに弦の長さが1／2になる、ということで、一番左側にあるドの弦の長さを1とすると、1オクターブ高いドの弦の長さは1／2、さらに1オクターブ高いドの弦の長さは1／4……などとなる。

※ただ、この通りにグランドピアノを作ってしまうととても長いグランドピアノになってしまうので、実際は弦の太さや弦の配置に工夫を凝らすことで少しコンパクトになっていることが多い。

同じ理由から、弦を指で鳴らして音を出すハープの形もグランドピアノの曲線と似たものになっている。

冒頭で、ピアノと同じデジタル楽器に属すると紹介したギターはどうであろうか？

そのためには1オクターブの中に存在する音同士の関係について述べなくてはならない。ここまでの話からピアノの1オクターブには「白鍵が8個、黒鍵が5個」、合わせて13個の音が入っていることはわかっただろう。

実はピアノでは、この隣り合う13個の音の周波数の比がちょうど同じになるように調整されている（平均律という）。13個の音の間には12個の隙間があるので、一番左のドの周波数に、ある数○を12回掛けると右側のドでは周波数が2倍になっている、という状況なのだ。

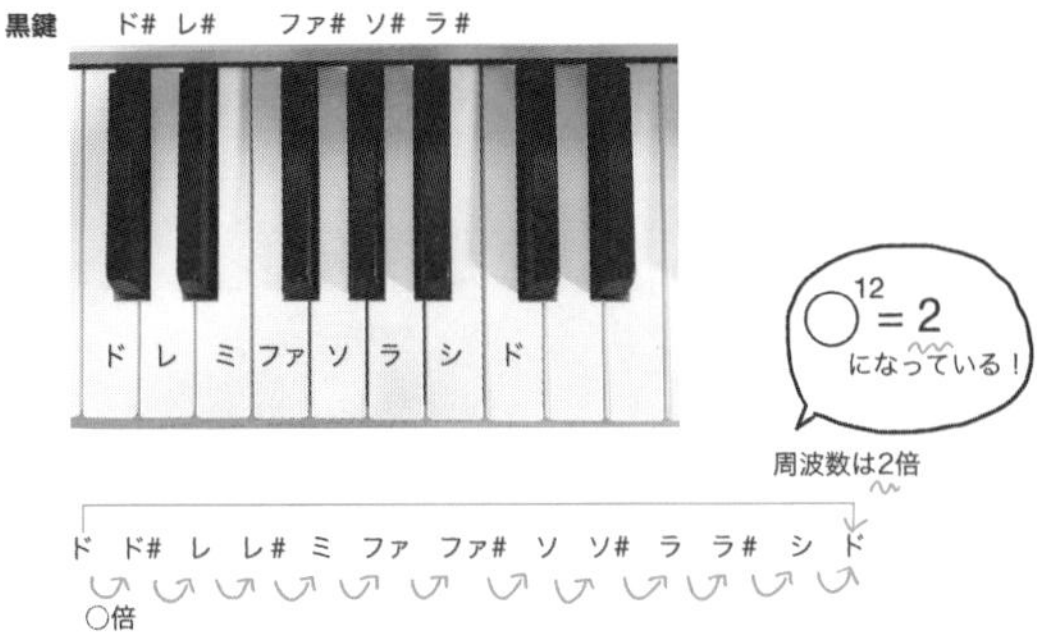

12回掛けると2になるような数を2の12乗根というのだが、実際は1・0594……と約1・06という値である。

つまり**1オクターブの隣り合う音同士の周波数の比が約1・06**になっているというわけだ。

ここまで説明するとやっとギターの話ができる。

ギターにはフレットと呼ばれる部分があり、そのフレットを押さえて弦をはじくことで、先ほどの輪ゴム遊びと同じ原理で違う音を出すことができる。

弦の長さが短くなればなるほど高音が出るという仕組みはピアノの話と全く一緒だ。このフレットは弦に垂直に配置されているのだが、ギターの先端の方にフレットを1つずらすと、半音低い音が出せるようになっている。

つまり先ほど計算したように、弦の端を起点として図で示した部分を1とすると、次のフレットまでの弦の長さは約1・06倍に、さらにその次のフレットまでの長さは元の長さの約1・06×1・06倍になっているのだ。掛ける数、約1・06が1より大きいため、弦の長さは指数関数的に増えていき、それに伴って先端部分に近づくにつれ、フレットの間隔もどんどん広がっていく。

ちなみに、バイオリンや三味線にはこのフレットにあたるものがなく、指を動かすことでいわゆるドレミファソラシドに対応しない絶妙な音も出すことができる。その違いによってギターはデジタル楽器、バイオリンや三味線はアナログ楽器に分類されるのだ。

■ギター

現代の西洋音楽は基本的にドレミファソラシドを使った音階を元に発展してきたが、西洋音楽とは違う発展の仕方をしてきた音楽（例えば日本古来の雅楽や民族の音楽など）では、ドレミを使っていないようだ。今までドレミ……しか考えてこな

かったが、白と黒の間に無限の色があるように、音にも無限の音色、無限の音程があるのだなぁ。筆者はつい先日、ある講演会でこのドレミ以外の音色の存在を初めて意識し、感動するとともに一つ疑問が湧いた。絶対音感がある人が、雅楽や民族音楽などドレミ……の音階にない音程を聞くとどのように感じるのか？

音大出身で雅楽にも詳しい友人に聞いたところ、「あの音から半音ずれているな」などと思うらしい。カラオケで友人が、著者の好きな（もしくは聞きこんでいる）曲を歌っていて、音を外した時に、「あ、音程が外れたな」と思うのと似た感覚だろうか？　あれ、私の身近な例を出すと少し低俗的な表現になってしまう。

そういえば、先ほど、1オクターブを周波数の比が一定になるように12に分けることでドレミファソラシドが決まると紹介したが、周波数の比が一定なのに、何故黒鍵と白鍵があるのだろう？

その理由は、**一目でその13個の音を区別できるようにするため**だったらしい。その結果、黒鍵5個を2個と3個の組に分けて配置し、白鍵8個と組み合わせて今の鍵盤の配置になったのだ。確かにこれによって一目で1オクターブの13音がわかるし、何より白と黒の調和が美しい。

あれ？　2，3，5，8，13……この数を見て何か気づくことはないだろうか？

こんなところにもフィボナッチ数が隠れていたようだ。

著者には職場や趣味の武道仲間の中に複数音大出身者がいるのだが、彼らにとっては、ここで書いた、「ピタゴラスが1オクターブを決めた」ことは当たり前の知識らしい。数学の世界でピタゴラス自体には馴染みがあるはずの筆者がその事実を知らなかったということに非常に驚かれた。

逆に、周波数と音程の関係からピアノの形やギターのフレットに指数関数が隠れていることは数学や物理をやっている人からするとさほど特別なことではないが、先ほどピタゴラス音律を当たり前に語っていた友人たちは少なくともその事実を誰も知らなかったようだ（もしかして物理の専門家はどちらも知っているのかもしれない）。

きっと世の中には、自分の周りでは当たり前だと思っていたことでも、世界が違えば当たり前じゃないことが沢山あるのだろう。もちろん国や文化、風習が違えばそういうことはたびたび意識するが、こんなに身近なところで、お互い気づかなかった「当たり前な事実」があることに驚かされた。

筆者はどちらかというと好奇心旺盛で、食べ物、文化、風習……に限らず知らない世界を知ることが大好きだ。そして、そのような知らない世界を知るきっかけに出会う瞬間にもとても喜びを感じる。筆者自身、この本を書きながら、そういう感覚を何度も味わっているのだが、読者の人にもこの本で少しでもそんな感覚を味わってもらえたらいいな、なんて。

酒井祐貴子

STORY 20

隅田川の橋めぐり

【ケーニヒスベルクの7つの橋】

隅田川に架かる橋のライトアップをみたことがあるだろうか。花火大会でも有名な隅田川にはたくさんの橋が架かっていて、それぞれがライトアップをされているのだが、橋そのものの構造や色彩を生かした照明で演出されており、どれもとても美しいのだ。さて、今日は隅田川に架かる橋すべてを渡って、ライトアップを楽しみたいと思う。浅草駅を降りて隅田川を臨むと、綺麗な東京スカイツリーが見える。どのような順番で橋を渡ろうか。

こんなときに思い出すのは、「ケーニヒスベルクの7つの橋」という有名な問題だ。東プロイセンの都市ケーニヒスベルク（現在のロシア連邦、カリーニングラード）では、街の中心を流れる大きなプレーゲル川に7つの橋が架けられていた。さて、「7つの橋をすべて一度ずつ通って元の場所に戻ってくることは可能か？」考えてみてほしい。

一見難しそうなこの問題だが、よくよく考えてみると**大切なのは、どの陸地とどの陸地が橋で繋がっているか？** ということだけで、陸地の大きさや形、橋の長さは関係ないことがわかる。この、大きさや形、長さは関係なく、つながり方が大切というところが、「**トポロジー**」の考え方なのだ。

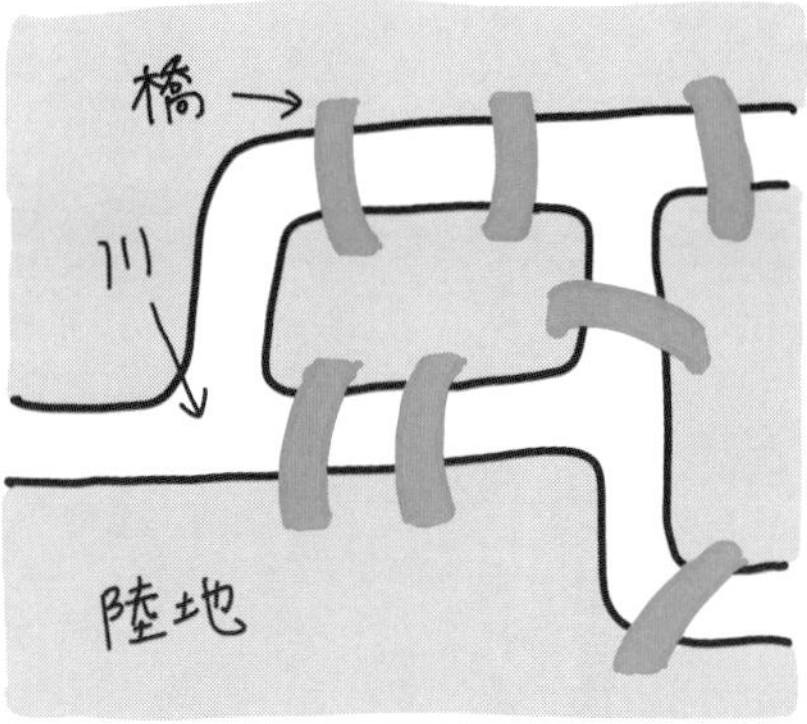

数学者のレオンハルト・オイラーは、このトポロジー的な発想で、ケーニヒスベルクの橋の問題を否定的に解決した。つまり、どの橋から渡り始めて、どのような順番でまわっても、7つの橋をすべて一度ずつ通って元の場所に戻ってくることは不可能であることを、数学的に示したのだ。

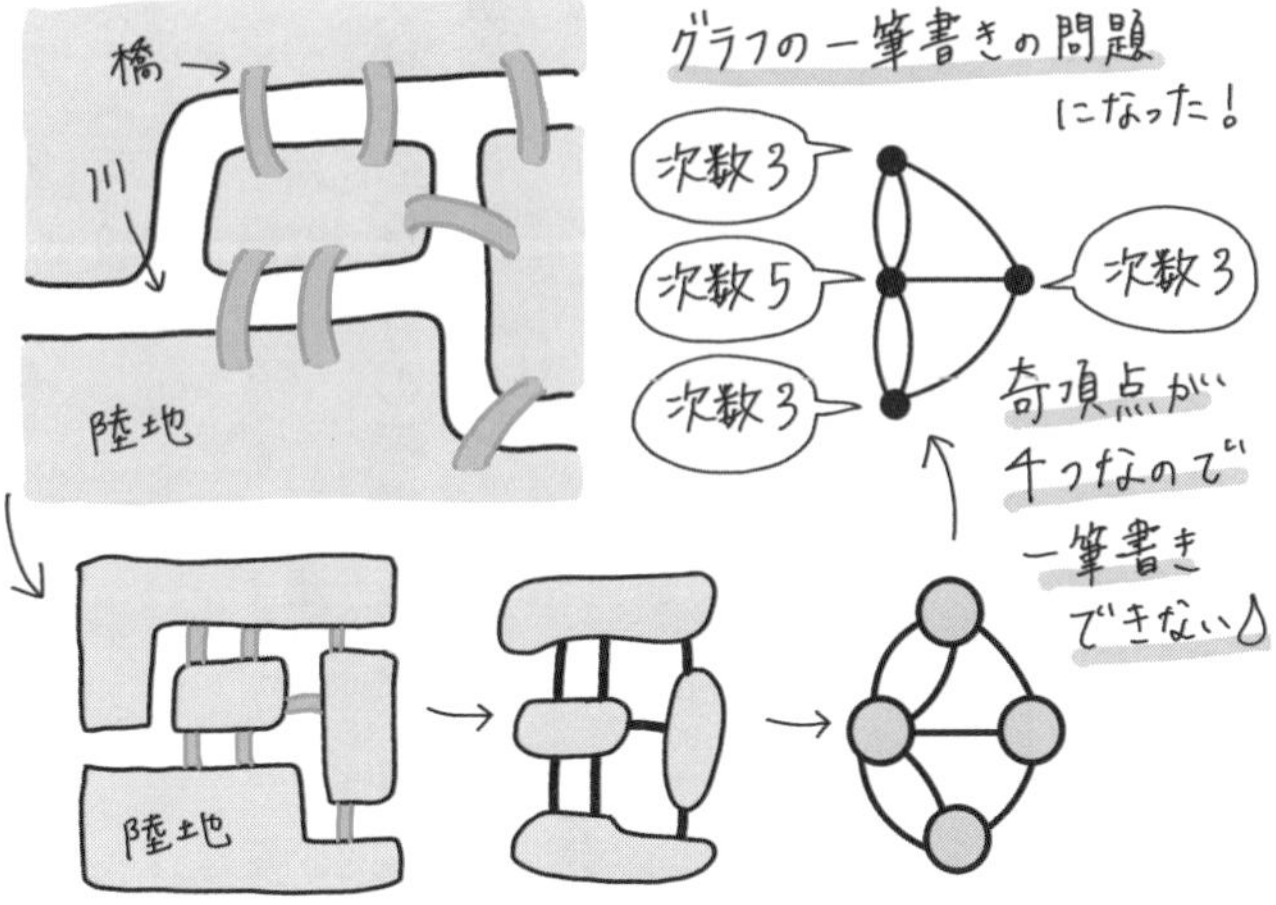

橋
川
陸地
グラフの一筆書きの問題
になった！
次数3
次数5
次数3
次数3
奇項点が
4つなので
一筆書き
できない
陸地

つながり方だけを考えるといっても、具体的にどうするのかというと、図のように地図を連続的に変形させるのだ。そうすると、上、下、右、真ん中にある4つの陸地を7つの橋が繋いでいる状況を、4つの点に7本の線がつながっている「グラフ」と捉え直すことができる。

そして、7つの橋をすべて一度ずつ通って元の場所に戻るという身近な生活の問題は、**「すべての線を一度ずつ通って最初の点に戻れるか？」というグラフの一筆書きの問題に置き換えることができる**のだ。

このグラフを一筆書きで書けるならば、通過する点や線の順番がまさに、7つの橋をすべて一度ずつ通って元の場所に戻ってくるまわり方に他ならない。こうやって、現実の複雑に見える問題について、本質だけを取り出して問題を単純化して考えるのは、数学の得意とするところである。

グラフにおける点を「頂点」、線を「辺」といい、それぞれの頂点に集まっている辺の数を、その頂点の「次数」と呼ぶ（両端が同じ頂点につながっている辺はループと呼び、2回カウントして、次数はプラス2とする）。そして、次数が偶数の頂点を偶頂点、次数が奇数の頂点を奇頂点という。

ここで、一筆書きできる図形はどのような性質を持っているのか考えてみると、「グラフのすべての頂点が偶頂点（つまり、奇頂点が0個）である」ことがわかる。一筆書きをする際、ある辺を通ってある頂点に入った後は必ずその頂点から別の辺を通って外に出ていくため、頂点を通る度にその頂点の次数は2ずつ増える（あくまで頂点を通過するだけで、同じ辺は通らないことに注意する）。

例外は、一番初めにスタートする頂点で、頂点から出ていくところから始まるため次数は

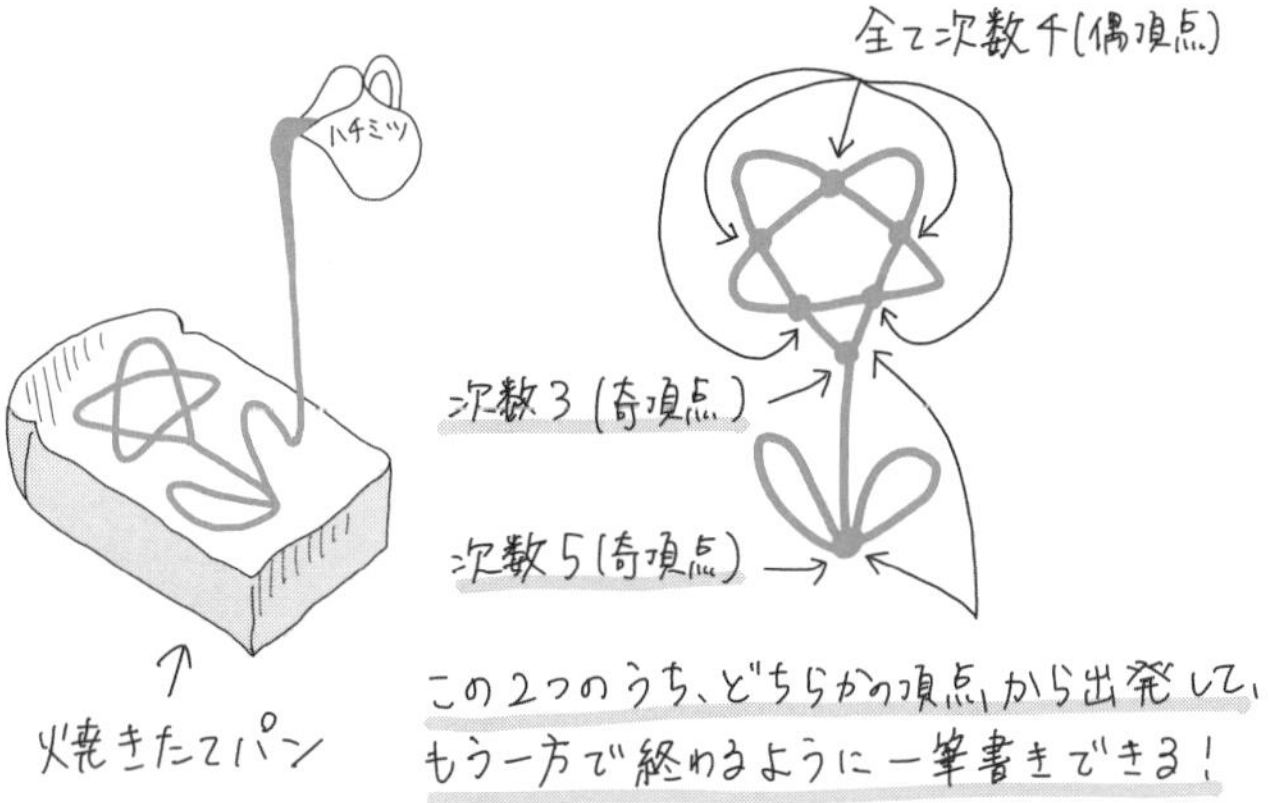
ハチミツ
焼きたてパン
全て次数4（偶頂点）
次数3（奇頂点）
次数5（奇頂点）
この2つのうち、どちらかの頂点から出発して、
もう一方で終わるように一筆書きできる！

1で、その後、何度その頂点を途中で通っても、通過する度に2ずつ次数が増えるので、ずっと奇数のままだが、最後は必ずスタート地点に戻ってくるため、次数が1増えることで次数は偶数になり、結果、すべての頂点が偶頂点になっていることがわかる。

以上の考察を踏まえて、ケーニヒスベルクの7つの橋の問題を見てみると、地図を簡略化したグラフの頂点の次数は3、3、3、5であり、奇頂点が4つもある。よって、7つの橋をすべて一度ずつ通って元の場所に戻ってくることは不可能であることがわかるのだ。

ちなみに、「元の場所に戻ってくる」という制約をつけないで考えると、出発点と終点が異なっても良いことになり、奇頂点がちょうど2つある場合には、奇頂点の一方から出発して、もう一方で終わるような一筆書きができることがわかる。

実際に試さなくても、頂点の次数だけを見て一筆書きできるか判定できてしまうなんて、ちょっと嬉しくないだろうか。

パンにハチミツをかけるときやオムライスにケチャップで絵を描くとき、ぜひ、一筆書きできる絵を作って楽しんでもらいたい。

他にも、ごみ収集車の通るルートを考えてみよう。町内のすべての家のごみを収集するため、すべての道を通過しなければいけないが、無駄に同じ道を通ることは避けたい。同じ道を通らずにまわることはできるだろうか？

もしも、T字路など奇頂点の交差点がなく、すべての交差点が偶頂点の町であれば、すべての道を1回だけ通って収集所に戻ってくる

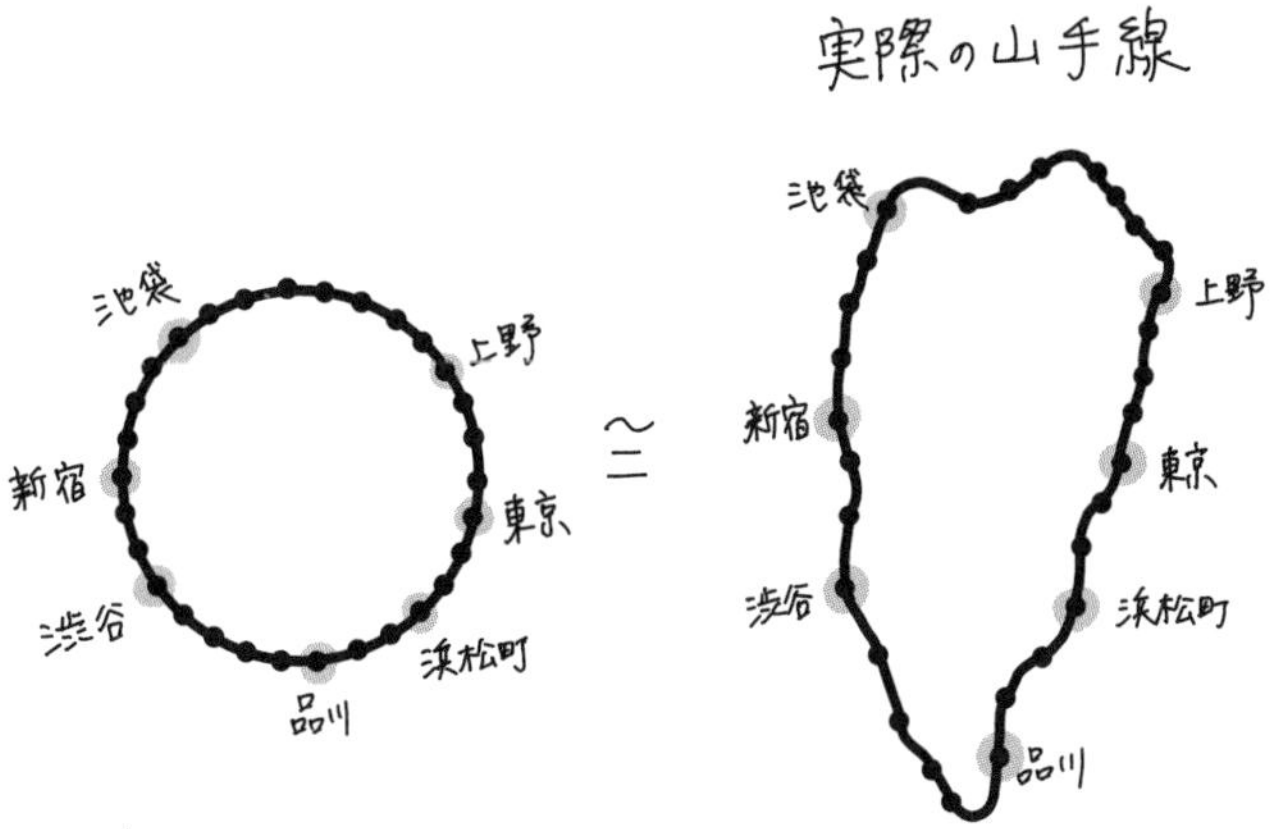
実際の山手線
池袋
上野
新宿
東京
渋谷
浜松町
品川
≃

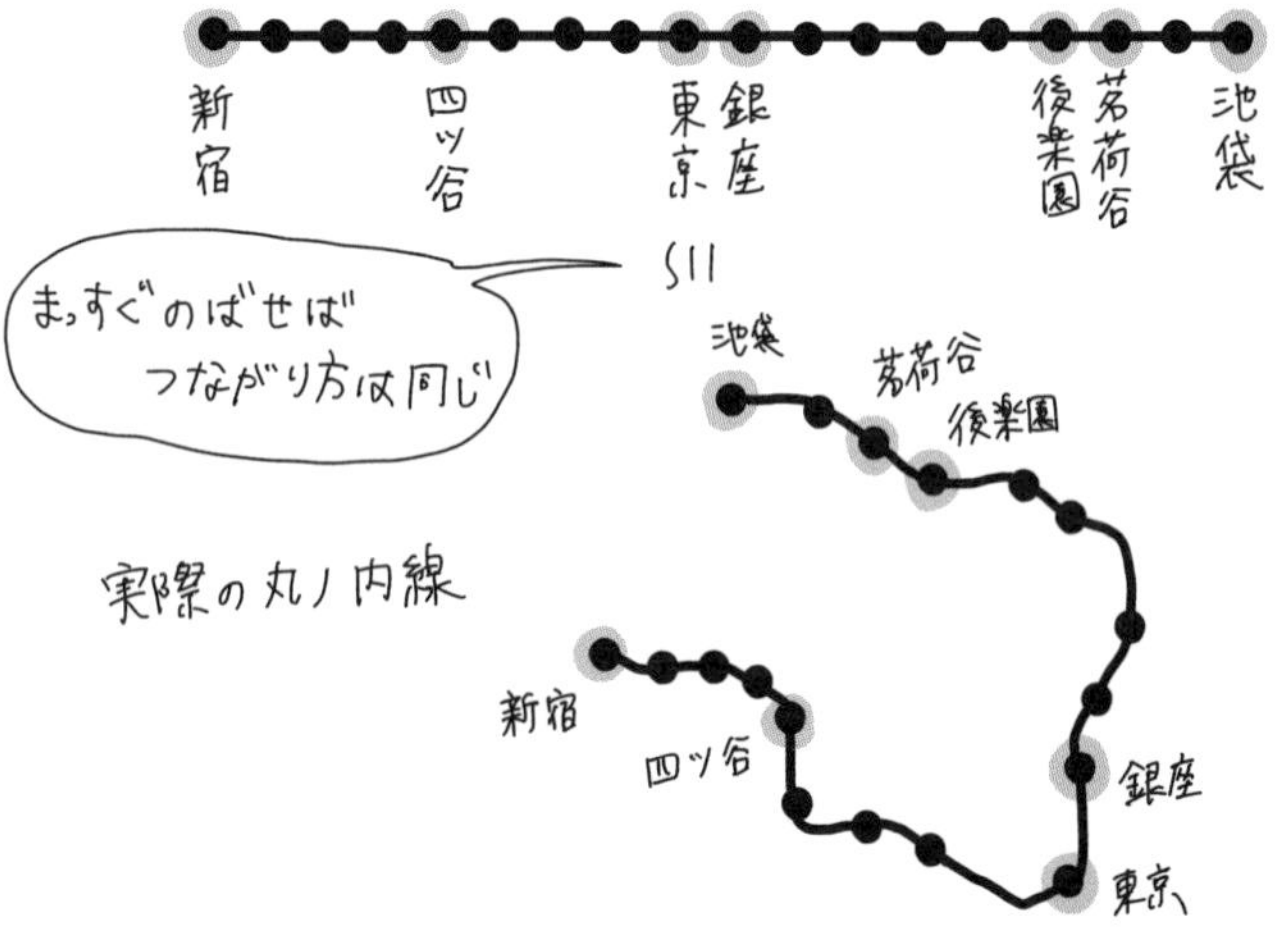
新宿
四ツ谷
東京
銀座
後楽園
茗荷谷
池袋
≃
まっすぐのばせば
つながり方は同じ
実際の丸ノ内線

ルートが存在することがわかるだろう。

さて、グラフの一筆書きに力を発揮したトポロジーの考え方。身近なところでは、電車の路線図を思い浮かべてみよう。

山手線は実際の地図で見ると南北に伸びた逆三角形のようになっているが、トポロジー的に同じ形である円で表されているし、丸ノ内線は池袋から新宿まで、カタカナの「コ」の字のように曲がっていても、駅名の一覧では左右に一直線の赤い線で表されている（この駅の並びだけ見ると、池袋と新宿が山手線で10分かからない近さとは信じがたいのではないだろうか）。

トポロジーは、日本語では「位相幾何学《いそうきかがく》」といい、やわらかい幾何学といわれることも多い。**すべてのものはゴム膜のようにぐにゃぐにゃやわらかく変形することができ、切り離したり貼りつけたりすることなしに連続的に変形したものはすべて「同じもの」とみなす。**

数学でいう「同じ」と言えば、中学校で「合同」や「相似」を習ったと思う。合同は、

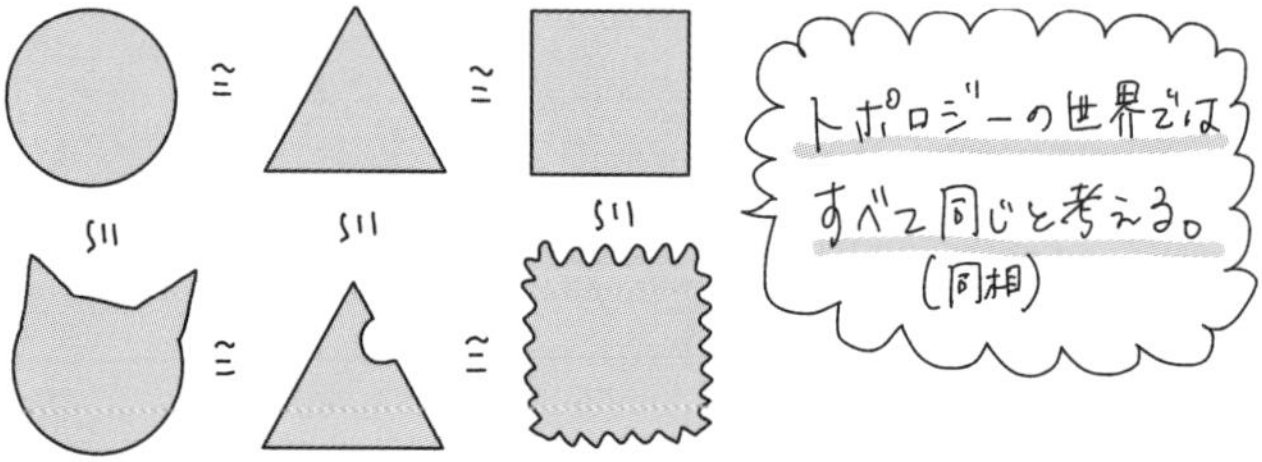

ぴったり重ならないといけない、すごく厳しい「同じ」の条件だ。合同のルールを少しゆるめて、形が同じならば大きさの違いは気にしないというのが「相似」であった。

それでも、少しでも形が違ったらダメというのは、けっこう厳しい条件ではないだろうか。そんな中、トポロジーの世界で考える「同じ」は、合同や相似から考えるとってもゆるい条件になっている。ぐにゃぐにゃ伸ばしたり、縮めたりしてOKなのだから、角度や長さ、面積なんか気にしないのだ。

そんな大雑把な「同じ」に意味があるのだろうか？と不思議に思うかもしれないが、これくらい**大きく「同じ」の条件をゆるめてみても、それでも変わらずに保たれる性質に着目するのがトポロジーの醍醐味である。**

角度も長さも面積も変わってしまって、それでも保たれるものな

んてあるの？　と思った方へは、28話「おやつの時間」にて答えを用意している。

さて、橋の話へ戻ろう。川端康成は小説『浅草紅団』にて「清洲《きよす》橋《ばし》が曲線の美しさとすれば、言問橋《ことといばし》は直線の美しさなのだ。」と語っている。

隅田川に架かる橋の一つである清洲橋は、ドイツのケルンにてライン川に架かる吊り橋「ヒンデンブルグ橋」をモデルとして、関東大震災の復興事業として建設された。

モデルとなったヒンデンブルグ橋は第二次世界大戦で破壊され、現在は全く異なる形の橋になっているが、清洲橋は今も美しい曲線で我々の目を楽しませてくれている（現在は、国の重要文化財に指定されている）。

この、吊り橋の曲線の美しさにももちろん数学が隠れているのだ。吊り橋の曲線には、中学や高校で習った「放物線」や、ネックレスをつける時、両端を持って自然に垂らした時にできる曲線である「カテナリー（懸垂曲線）」が関わっている。

カテナリーは、ネックレスだけでなく送電線や蜘蛛の巣など身近なところに見つけることができるし、なんと、さまざまな植物の根の輪郭がカテナリーと一致することもわかっている。

また、力学的に安定した構造を生み出す曲線であるため、日本の寺院の屋根など、建築物にも多く採用されているのだ。建築家のガウディも、カテナリーを取り入れ、サグラダ・ファミリアの塔などを設計していた。

散歩をする際、ぜひ、さまざまな場所にカテナリーを見つけてみよう。私はこれから、曲線を愛でに清洲橋へ向かおうと思う。

大山口菜都美

STORY 21

私たちは素数に守られている

【素因数分解】

読者のうち、ほとんどの人がインターネットショッピングを利用したことがあるだろう。特にコロナウイルスの出現により、インターネットショッピングの需要は2020年3月頃から急増したらしい。（総務省のデータによる）

その一方で、クレジットカード犯罪という言葉もよく耳にする。そういう言葉を聞くとなんとなく、インターネット上での買い物の際にクレジットカードの番号を入力することに不安を感じる人もいるのではないだろうか。

しかし、きちんとしたサイトでクレジットカード決済をする分には大丈夫！ **その安全を素数が守ってくれているのだから！** え？ 素数が？ しかも何故大丈夫と言い切れるのか？ 沢山疑問が湧くだろう。

2023年1月時点、世間を騒がせているカード犯罪の多くは、窃取・拾得したカードを用いて直接ATMなどで現金を引き出したり、フィッシング詐欺などで偽造したカードを用いて商品を購入したりといった手口らしい。

フィッシング詐欺とは、メールなどで偽のサイトに誘導し、本人にクレジットカード情報などを入力させてカード情報を盗み取るというものだ。こればかりは本人がセキュリティソフトなどを使ったり、迷惑メールを見破ったりしないことには防ぎようがない。つまり、きちんとしたサイトでクレジットカード情報を入力したときに、第3者によってその情報が盗み取られることはほぼないのだ。

そもそも今の世の中では、インターネットショッピング以外にも様々な個人情報が電子データとしてやり取りされている。

例えばsuicaなどの交通系ICカード。当初は駅員さんが目視し、改札作業を行っていたものが、平成に入り自動改札機の導入により改札機の中でそれが行われるようになり、今では機械を通すことなく、あのピッと音が鳴る一瞬で作業が終わるようになってしまった。この技術の進歩には本当に驚かされる。

ではあの一瞬で何が起こっているのだろうか？ 実はあのわずかな間に、ＩＣカードと改札につながっているサーバの間で暗号を知っている同士しかできない秘密のやり取りがなされ、そのカードが正当なものかどうかが認証されているのだ。まずその仕組みを見ていこう。

現在では日常会話の中でも「ＩＣカード」という言葉が普通に使われているが、ＩＣとは集積回路を意味するintegrated circuitの略だ。あのプラスチックのカードにはＩＣチップが埋め込まれており、その中には**秘密のやり取りをするための「暗号変換表のようなもの」**（暗号の分野ではこれを「鍵」と呼ぶ）も入っている。

子どものころ、一度くらいは友達と暗号ごっこをしたことがあるだろう。秘密基地やドアの前で門番役が立ち、正しい合言葉を言わないとその先には進めない、といったような。

交通系ＩＣカードでされている認証の基本的な考え方は、この**暗号ごっこを少し複雑化さ**

せたものだ。

■暗号ごっこ

既に書いたように、1枚1枚のICカードの中にはそのカード専用の「暗号変換表」が入っており、全く同じものがサーバ側にも保管してある。先ほどの暗号ごっこで、同じ合言葉を共有しているのと同じ状態だ。

しかし、合言葉の情報が部外者に知られてしまったら、部外者はその関門を突破できてしまう。合言葉を直接やり取りすると、合言葉の漏洩・傍受の危険性があるのだ。そこで、交通系ICカードでは次のように認証を行っている。

① カードを改札機にかざしたときに、改札機からカード側には毎回違う言葉（実際は数字データ）が送られる。

② カード側は自分が持っている「暗号変換表」（鍵）でそれを暗号化する

■ICカードの認証

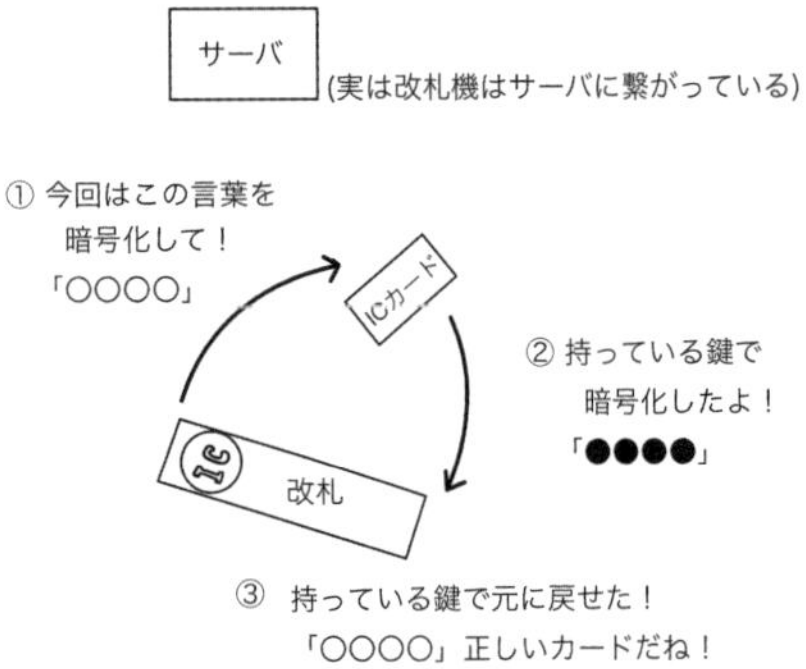
サーバ
(実は改札機はサーバに繋がっている)
① 今回はこの言葉を
暗号化して！
「○○○○」
ICカード
② 持っている鍵で
暗号化したよ！
「●●●●」
IC
改札
③ 持っている鍵で元に戻せた！
「○○○○」正しいカードだね！

③　改札機はサーバに保管してあるこのカードの「暗号変換表」（鍵）でそれを解読し、元々自分が送った言葉になっていればＯＫ

このような仕組みにしておけば、データとして送られているのは「鍵」で変換しなくてはいけない言葉や、「鍵」によって暗号化された言葉のデータだけなので、「鍵」が漏洩する心配はない。

このような仕組みは**チャレンジ・レスポンス認証**と呼ばれている。初めに改札機側から送られる言葉を業界では「チャレンジ」と呼んでおり、それに対してカード側が「レスポンス」と呼ばれる暗号文を返すからだろう。

このチャレンジ・レスポンス認証は、店頭でクレジットカード決済をする際の一部の認証（そのカード認証が正当なものかどうかを確かめる認証）にも使われている。

さて、このチャレンジ・レスポンス認証が、インターネットショッピングでは使えないということに読者の皆さんはお気づきだろうか？

チャレンジ・レスポンス認証はあらかじめやり取りをする双方が同じ「鍵」を持っていることにより成り立つ認証方法であった。そう、インターネットショッピングでは、通常、いきなり訪れたネットショップなどで商品を購入するので、「鍵」にあたるものを自分とお店の間で事前には共有していない。だからと言って、お店とのデータ通信のやり取りの中で後から「鍵」を共有するわけにもいかない（漏洩・傍受の心配がある）。

そこで登場するのが「**公開鍵暗号**」という仕組みだ。言葉通り、この仕組みは、データ通信の情報を暗号化したり復号（元に戻す）化したりするときの**「鍵」の一部を公開してしまう**という、従来の概念を覆す方法である。

チャレンジ・レスポンス認証では、双方が同じ「鍵」を共有していたが、この公開鍵暗号では、**暗号化する暗号鍵とそれを元に戻す復号鍵が別々に存在**しており、暗号鍵の方だけ一般に公開しても、復号鍵は公開していないから大丈夫、というわけだ。

これにより、1つのお店に対して、不特定多数の客が自分のクレジットカード情報を暗号化してデータを送信でき、そのお店は公開していない復号鍵でその情報を復号化できる。

しかし、暗号鍵を公開しているのに、本当にデータ送信の安全性が保たれるのだろうか？ それはもちろん暗号鍵による。例えば、暗号鍵として「アルファベットを3文字後ろにずらす」というような単純なもの（これは紀元前1世紀に古代ローマの政治家、ジュリアス・シーザーが使ったことからシーザー暗号と呼ばれている暗号である）を採用してしまうと、復号鍵は「アルファベットを3文字前にずらす」ことがすぐに推測でき、暗号データが簡単に見破られてしまう。

つまり、公開鍵暗号では、「公開されている暗号鍵から復号鍵がすぐにはバレない」という状況が必要なのだ。本当にそんな状況を作ることができるのだろうか？

実は1976年に公開鍵暗号のアイデアが発表されたときは、それを実現する具体的な方法は発表されていなかった。しかし、その翌年、アメリカの3人の研究者により、公開鍵暗号を実現する方法が考案されたのだ。

この暗号は3人の名前の頭文字をとって**RSA暗号**と呼ばれており、現在でもインターネットショッピングだけでなく、様々なところでデータ送信や機密情報の通信を支えている。

いったいどんな複雑な仕組みなのだろうか？

意外にもRSA暗号のポイント自体は非常に単純で簡単な事柄である。「**大きな数の掛け算は簡単だけれど、大きな数の素因数分解は難しい**」という中学生でもわかる話なのだ（素因数分解は7話「素数と生存競争」で既に説明した）。

■公開鍵暗号

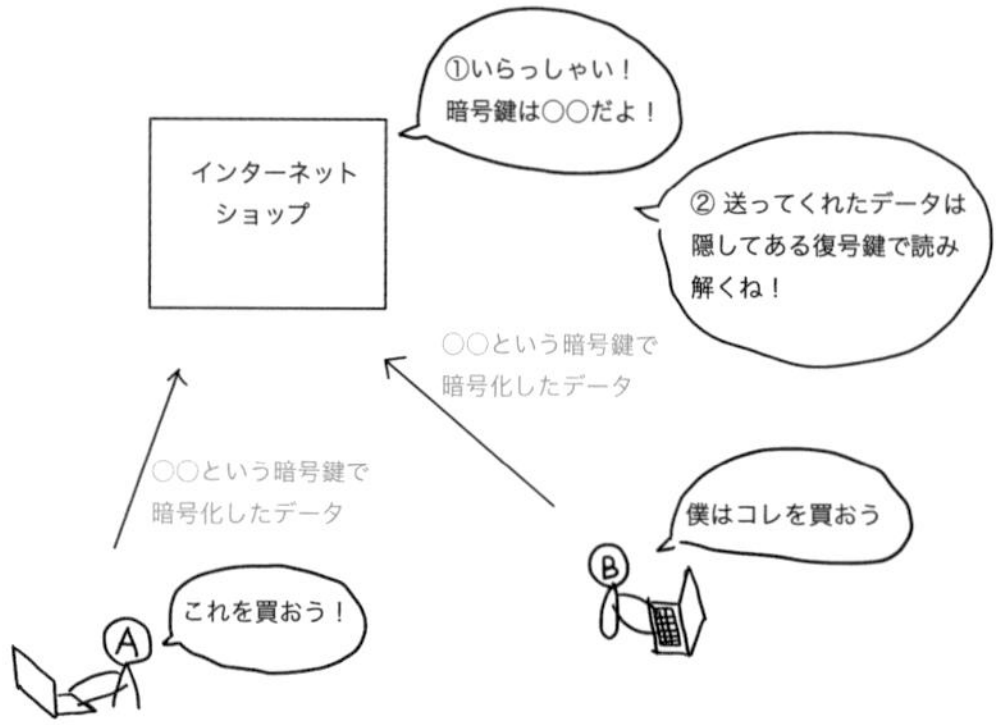

①いらっしゃい！
暗号鍵は○○だよ！
インターネットショップ
② 送ってくれたデータは隠してある復号鍵で読み解くね！
○○という暗号鍵で暗号化したデータ
○○という暗号鍵で暗号化したデータ
僕はコレを買おう
B
これを買おう！
A

あなたの手元にスマホか電卓はあるだろうか？ 電卓を使ってよいので２０２３を素因数分解してみてほしい。すぐにできるだろうか？

偶数ならば2で割り切れるし、すべての桁の数を足して3で割り切れるならばその数は3の倍数、下2桁が4で割り切れるならばその数は4の倍数、1の位が5か0ならばその数は5の倍数などいくつも計算のコツはあるのだが、2023の素因数分解は結構面倒だ。

素因数分解をする際は、とにかくまず何か1つでもその数の約数を見つけることが重要だが（見つけた数で割ることによって次の計算は劇的に楽になる）、そのためには適当にあてを付けるか、先ほど挙げたようなコツを使いながら小さい数で割っていく消去法をするしかない。ちなみに2023は7×17×17と素因数分解ができる。

では、次に、2017×2027（2017は2023より小さい最大の素数、2027は2023より大きい最小の素数）を計算してみてほしい。電卓を使えばこれは一瞬で答えが出るはずだ。ちなみに答えは4088459である。

今の計算で先ほどのRSA暗号のポイントが実感できただろうか。4桁×4桁の掛け算は計算機を使えば一瞬だが、2023という4桁の数ですら、計算機を使っても素因数分解をするのは大変だ（できたとしても時間がかかる）。これがRSA暗号のポイントなのだ。

実際にはもう少し複雑な計算から暗号の仕組みが作られているのだが（詳しく知りたい人は参考文献などを参照してほしい）、大雑把に言うと、ＲＳＡ暗号では秘密鍵として2つの大きな素数を利用し、公開鍵としてその2つの素数の積として出てくる数を用いている。

ここでは4桁の素数を例として出したが、実際のＲＳＡ暗号に使われている大きな素数は300桁程度、その2つの素数を掛け合わせた数は600桁程度のもので、現在の技術をもってしてもＲＳＡ暗号は突破できないとされている。

エラトステネスの篩（ふるい）という言葉を聞いたことがあるだろうか？

これは紀元前2世紀ごろの古代ギリシャの学者、エラトステネスが発見した、連続した整数の中から素数を抽出する方法である。とりあえず調べたい数を表の形に書き出し、まず2より大きい2の倍数を消し、次に3より大きい3の倍数を消し……というように、素数の倍数をどんどん消していくことで、最後に素数だけがその表に残るという原始的な方法だ。

しかし、それから2000年以上経った今でも、エラトステネスの篩に勝る素数の判定法、

■ＲＳＡ暗号のポイント

素数の抽出方法は見つかっていない。よって、実際に大きな数を素因数分解するときにコンピュータがやることと言えば、しらみつぶしにその数を割り切る数を見つけるという力業である。

もちろん元の数が小さければコンピュータですぐに因数分解できるが、元の数が６００桁にもなれば、その平方根をとった３００桁程度の数の中で小さい方から順に割っていき、余りが出るかどうかを判定することになる。現時点ではたとえスーパーコンピュータを用いたとしても現実的な時間内ではそのような計算は不可能なのだ。

とはいえ、近年、物理の量子力学の理論を応用した量子コンピュータの開発が進められている。もしかしたら近い将来、ＲＳＡ暗号が短時間で解読される日が来るかもしれない。

ここまで、巨大な素数の積になっているような大きな数の因数分解が難しいことがＲＳＡ

暗号におけるポイントである、ということを説明してきた。ところで大きな素数はどれくらい存在するのだろうか？

実は、**素数は無限に存在する。**このことは紀元前3世紀ごろに既に古代ギリシャの数学者ユークリッドにより証明されていた。しかし、それから2300年以上経った今でも、素数を作る式があるわけではない。

素数は神秘に満ちた数であり、今でも沢山の研究者が素数について研究したり、より大きな素数を発見しようとしたりと日々励んでいる。これも数学の面白いところだと思うのだが、理論的にそれが正しいと証明できても、その具体例を作るのが難しいことは多々あるのだ。

酒井祐貴子

STORY 22

かばんを買うとき

かばんを買うとき、どんな条件で新しいかばんを選ぶだろうか？　私は、先日、悩んで悩んでかばんを買った。普段愛用しているブランドで、好きな芸術家の方とのコラボのかばんを（限定品のかばんだ）。

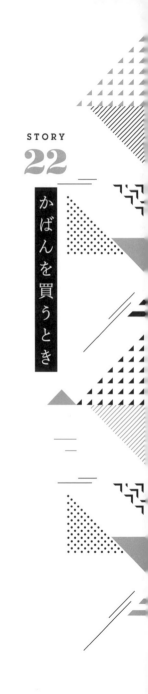

買うか買わないか悩んでいる間、かばんのデザイン、値段、使い方、買わなかった時の後悔などを自分の中の天秤にのせ、最終的に購入することを選んだ（今はそのかばんでお出かけするたびウキウキしている）。

かばんでなくても洗濯洗剤、今晩の食後のスイーツなど、何かを購入するときに、人それそれ色々な指標で検討して購入している。**各個人にいくつかの基準があり、譲れない条件、妥協できるポイント**があるだろう。

その基準は、まさに**多次元の世界**なのだ。急に多次元?! と驚いてしまうかもしれないが、私たちが考えをめぐらせているその空間がまさに多次元なのだ。

ここでは、かばんを例に、購入する際のポイントと次元について、紹介したいと思う。

かばんを買うとき、

デザイン（形、柄、色、……）

耐久性（ブランド、素材、……）

大きさ（容量、縦横比、……）

持ちやすさ（持ち手の長さや形状、……）

値段（自由に使えるお金とのバランス、使用頻度、……）

機能性（ポケットやチャックの有無、……）

を考える。

■かばんを買うとき

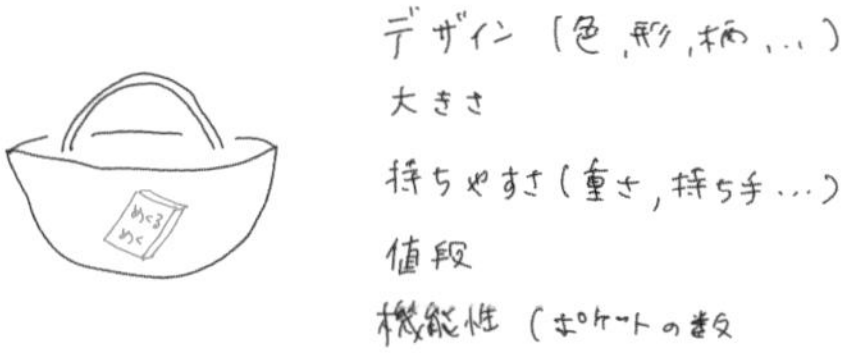

大きくいうと5つの項目について考え、それぞれの項目を細かく見ていくと、上に挙げているだけでも、13項目について、頭の中で考えて、購入基準を満たしているか判断する。つまり、13次元を考えているのだ。私はファッションに疎い方なので、きっとあなたはもっと細かい条件を考えて自然に購入を検討していることと思う。おしゃれな人や買い物上手な人ほど、多次元を感覚的に理解し上手に自分のものにしているのだ。

しかし、多くの人が4次元、5次元は、理解できないと思っている。

一度、自分のこだわりのものについて、こだわりの条件を挙げてみてほしい。そこにはきっとたくさんの基準があり、その基準の数だけの次元をあなたは自然に考えていて、つまりはその多次元の世界を認識しているのだ。

高い次元のことがわかると何か良いことがあるのか紹介しよう。

まずは、線（一次元）、平面（二次元）、空間（三次元）について。

線の世界は、線の上であることは認識できるけれど、その線がどのようになっているのかはわからない。しかし、平面の中で線を認識できると、線がどのようになっているのか（ずっと遠方まで続いている線なのか、ぐるっと回って元に戻ることができる線なのか）わかるようになる。

更に、三次元（空間）の中でその線を見てみると、その線が永遠に続いている平面の中に

■線（一次元）、平面（二次元）

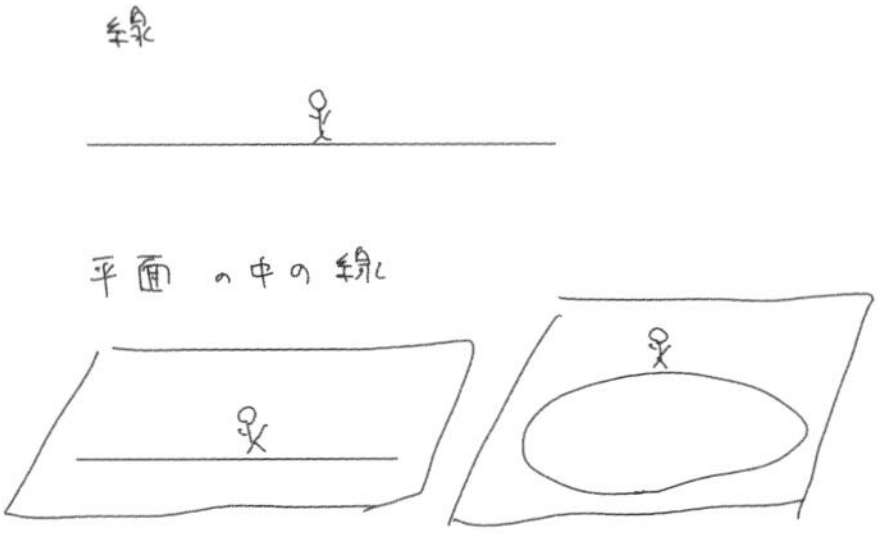

■空間（三次元）

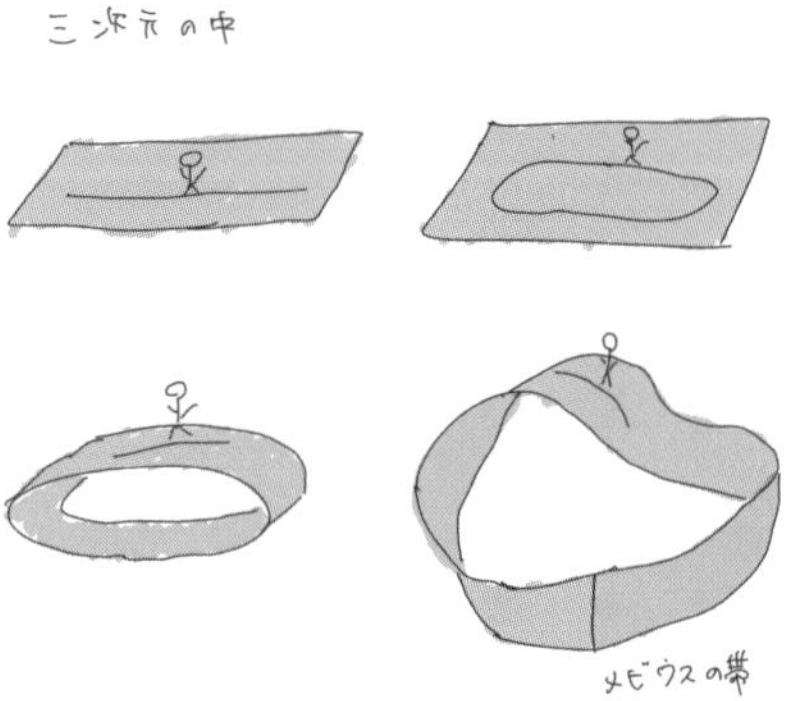

ある線なのか、帯のような平面の上にある線なのか、またその帯がくるっと回った帯なのか、どこかで表裏がひっくり返る（メビウスの）帯なのかなど、全体を把握することができるのだ。

次元が高いほど、より深く細かいところが理解できるということが見てもらえたかと思う。買い物も同じで、より細かいポイントで検討することで、見えてくるものが変わってくる。でも、よくわからないからこそ面白いこともあって、次元の高い低いに良し悪しがあるわけではないので、自分に合った次元で買い物をするのがやはり良いのではないかと思う。

四次元を考えるときは、ドレスコードのある待ち合わせを想像してみてほしい（これは大山口さんが大学で授業する際に挙げる例だ）。

黒い服を着て東京駅で待ち合わせをしたとする。もしドレスコードを青色だと間違って、青い服で東京駅へ行ってしまい青い服のグループを探してしまうと、目の前にいても認識できずに、会えないこともあるかもしれない（実際は携帯電話などで、なんとか会えるかもしれないが……）。

「色が違うと異なる」という認識を空間に入れると、四次元の空間を考えることができるようになる。例えば、今季のラッキーカラーの服を買いに行く際に、いつもは満遍なく見ているお店の中で色を意識している状態が、すでに四次元の空間で買い物を始めてしまっているということなのだ。

「次元」という言葉を今後聞いたら、是非買い物をしている自分を思い出し、身近に感じてもらえると嬉しい。

嶽村智子

STORY 23

無限を数える～無限ってどれくらい？～

【ヒルベルトホテル】

すぐに眠りにつけないときには羊を数えればよい。なんとなく知っているエピソードだと思うが、実際に数えたことはあるだろうか。目をつぶりながら頭の中で羊が1匹、羊が2匹……著者のイメージでは暗い中に1匹ずつ、右から左に羊が現れる感じである。数えている限り永遠に、そう、無限に羊が登場するイメージだ。でもそもそもなぜ羊なのか？

調べてみると、これはsleepとsheepの発音が似ていることから英語圏で広まったことらしい。しかも、sheepの発音の際に深く息を吐くことから、それをくり返すことでリラックス効果が生まれ、眠りに誘われるというのだ。日本語で、しかも心の中で数えるのでは意味がなかったのか！

眠れないときに羊を数えるこの行為……考えてみると、かなり特殊なことを行っている。「眠りにつけない間、永遠に出てくる羊を数える」ということは、無数にいる羊を数えているわけだ。日常の中で無限にあるものを数えるなんてこと、普通はない。でも、この例では、当たり前のように無限にいる羊を1匹、2匹と数えているのだ。

この無限にあるものを順番に番号付けていく、という考え方に関して、少し面白いエピソードがある。19世紀から20世紀にかけて活躍したヒルベルトというドイツの数学者が考えた、無限に部屋をもつ空想上のホテルの話だ。

まず、奥の見えないホテルをイメージしてほしい。そのヒルベルトホテルには無限に部屋が存在し、部屋には1，2，3，……と番号（自然数）が順番にふってある。

■ヒルベルトホテル

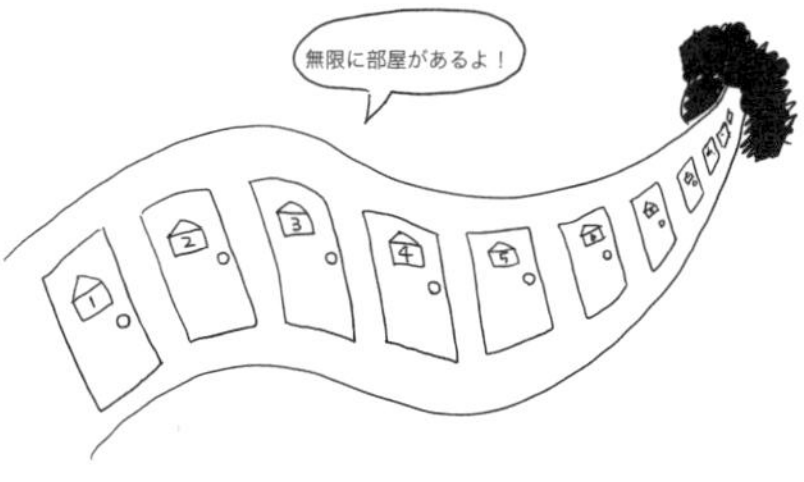

■ヒルベルトホテル1

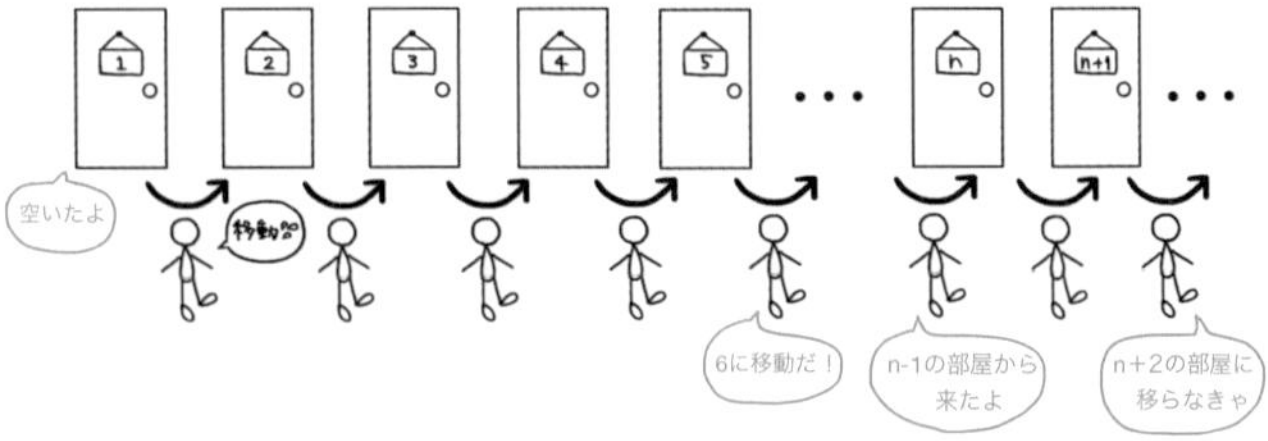

　ある日、そのホテルは満室だったが、そこに予約のない客が1名来てしまった。これが普通のホテル（部屋の数が限られている）の場合、満室なら泊まれない（もしくは相部屋にしてもらうしかない）。

　しかし、ヒルベルトホテルには部屋が無限にある。ホテルの支配人は慌てる様子もなく、こう言った。

「今いるお客様には部屋番号が1つ大きい部屋に移っていただきます。1号室のお客様は2号室に、2号室のお客様は3号室に、というように移っていただけば、1号室は空きますので、お客様はそちらにお泊りください」

　ヒルベルトホテルならではの解決法である。

　しかし、安心したのも束の間、ほどなくして、ホテルの目の前の駅に無限の長さの満席の列車が到着し、その無限にいる乗

■ヒルベルトホテル2

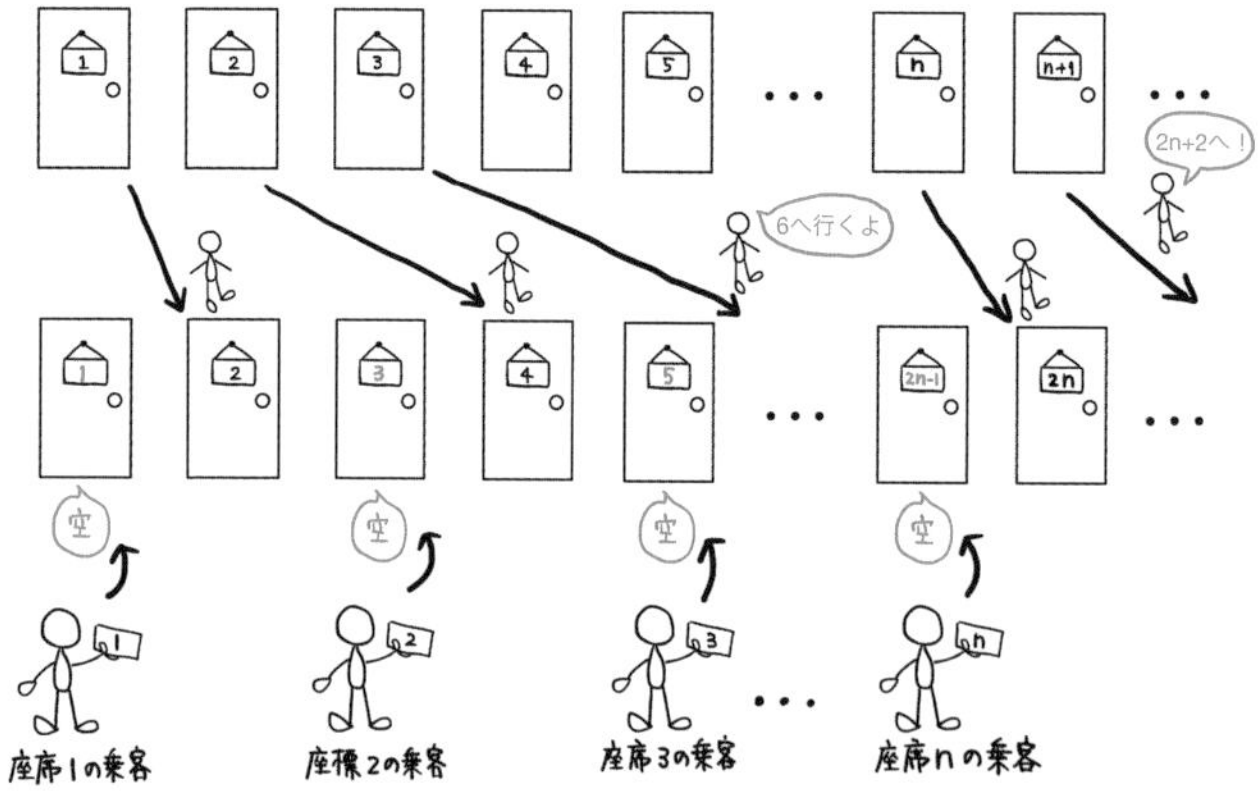

客がヒルベルトホテルに泊まりたいと言っている。やはり、列車の座席には1から順に番号がふってある。

支配人は少し考えてからこう言った。

「今いるお客様にはご自身の部屋番号の2倍の番号がついた部屋に移っていただきましょう。1号室のお客様は2号室に、2号室のお客様は4号室に、n号室のお客様には2n号室に移っていただけば奇数番号の部屋が空きます。列車のお客様は、空いた奇数番号の部屋にお泊りください」

これでめでたく、既に満室だったホテルに、無限にいる列車の乗客が泊まれたわけだ。

ところが今度は無限台の、無限の長さの満員の

■ヒルベルトホテル3

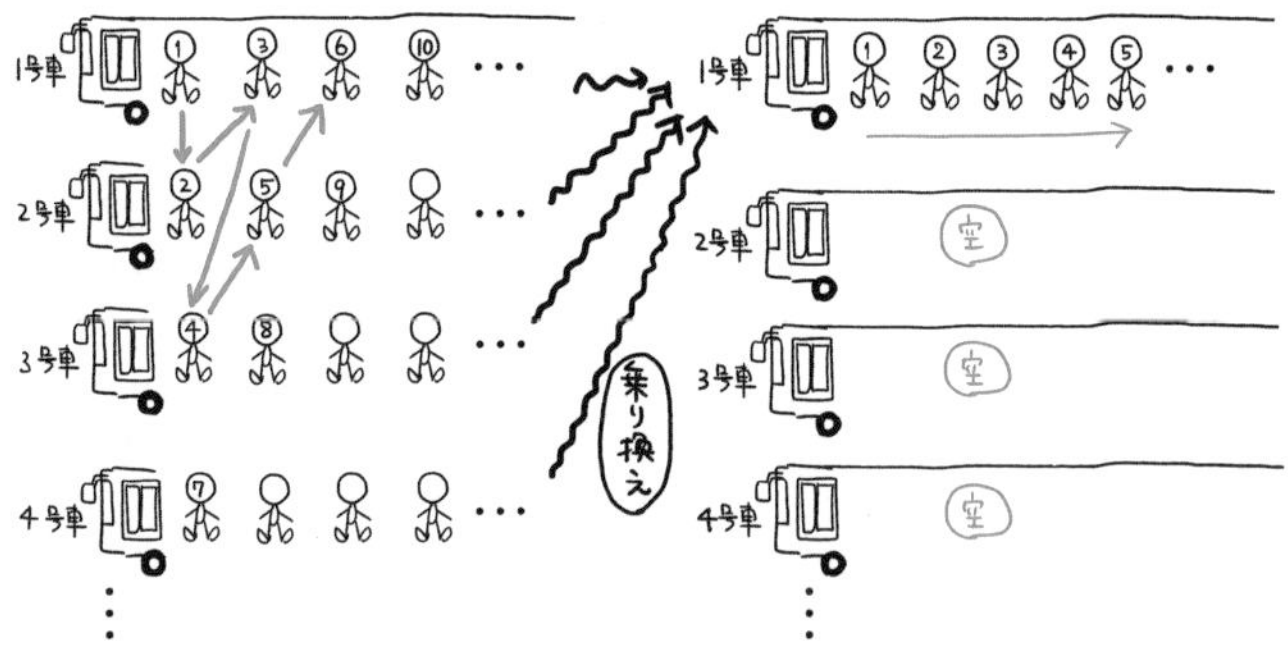

バスがやってきて、その乗客全員がホテルに泊まりたいと言う。どうしたものか。支配人はバスを上のように並べて駐車させ、その中に乗客を1列に並べた上で番号をふり直した。

「乗客の皆様には新しい番号順に1号車に移っていただきます」

それにより1号車は満席に、2番目以降のバスは空になった。

これで状況は先ほどの列車の例と同じになったので、1号車に無限にいる客は2番目のエピソードと同様に満室のホテルに泊まれることになる。

今紹介した「ヒルベルトのホテル」、3番目のエピソードは難しかったかもしれないが、2番目のエピソードまでなら絵から理解できたのではないだろうか。絵には初めの方しか描いていないが、それで十分（羊の例だって後ろの方は気にしない）！ここでは、初めの方から数が数えていけることさえわかれば良い。

ところで、そもそも「数を数える」とはどういうことだろうか？

大昔、人類が誕生したときには彼らに数という概念は存在しなかった。当初、狩猟や採集で暮らしていた時代は、自分自身や自分の仲間が生きるのに足る食べ物があればよかったのだろう。

しかし、現代においても、数を使わない民族や、2や3ぐらいの数は使っても、それ以上は「たくさん」として処理している民族がいるらしい。

なぜ彼らは困らないのか。もちろんそれほど多くの物を扱わない生活をしている場合もあるのだろうが、中には何百もの家畜を飼っているのに数を使わない部族がいるという。なんと彼らは何百もの数の家畜を一つ一つ区別して認識、記憶しているらしい！

確かに、家畜にもそれぞれ顔、体の特徴があるだろうから、その特徴をとらえた上で、家

■一対一対応と数

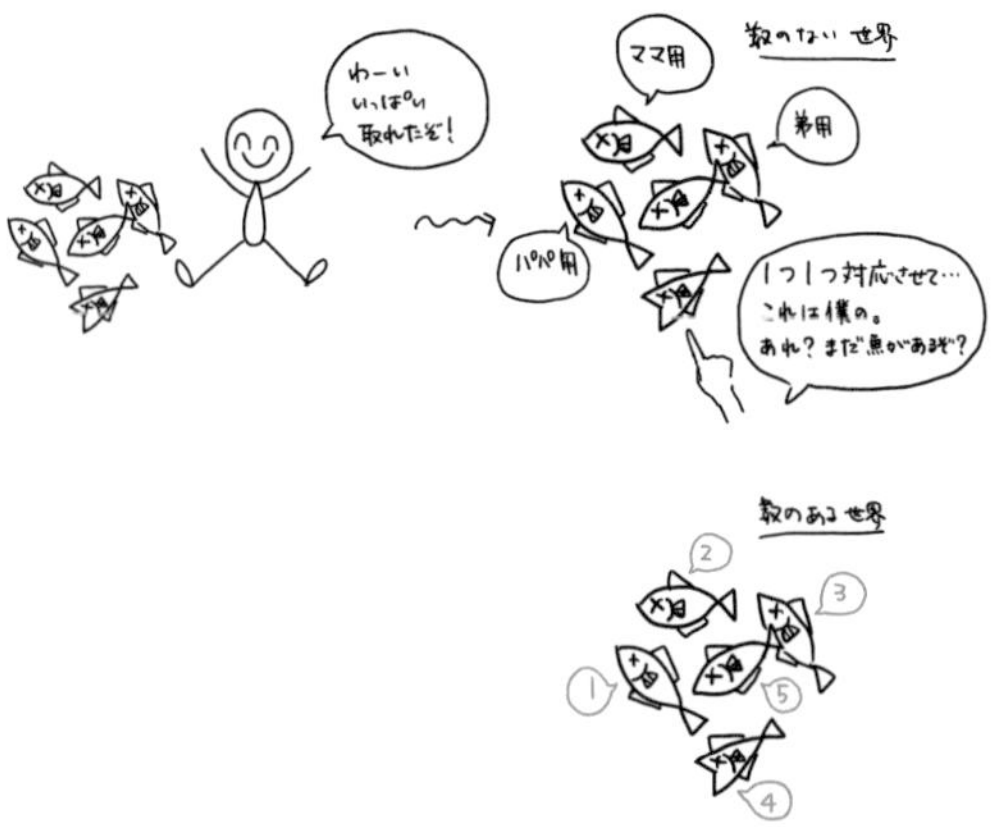

畜に名前を付けておけば、数を把握しなくても「あれ、〇〇がいないぞ?」などと認識できる。また、家族のために魚を取って来たとして、魚をそれぞれ区別しなくても、家族のメンバーを思い出しながら魚を割り当てていけば数字を使わなくても済むだろう。

しかし、他の集団との物々交換や物の売買が始まったり、人に頼んで何かをしてもらったり、と人々がより高度な暮らしをしていく中で、だまされることなく、正確に物事を把握するためには自分たちが記憶することだけでは足りなくなってくる。その中で、まず何かしら記録を残すことを考え付いたのだ。たまにアスリートに関する記述で「記録より記憶に残る……」という表現を耳にするが、ここでは本当に必要に駆られた上での「記憶より記録」である。

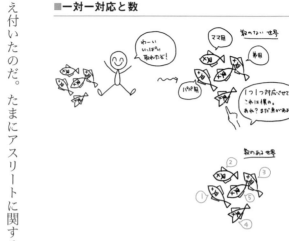

実際に、アフリカでは棒や骨に刻み目を入れる、紐に結び目を作る、といった方法で記録を付けていたことが確認されているし、バビロニア（今のイラク周辺）では6000年ほど前の農民たちが特別な形の粘土型を作り、取引の記録にしていたことがわかっている。その粘土型が粘土板にくさび型文字を書いて記録する方法に発展したのだ。

そういえば、私たちが何かを集計するときに使う「正」の字。もちろん最終的には「正」の画数5の掛け算で集計するが、途中までやっていることは粘土板に記録をするのと殆ど変わらない。そして極端なことを言えば、数を使おうが使わなかろうが、いつもやっていることと自体は同じ。「1対1の対応」を考えているだけである。

例えば、先ほどの家族に魚を取ってくる話。数を知らない民族は取ってきた魚1匹1匹をそれぞれ家族のメンバーと対応させ、私達は「自然数」を既に知っているので、ものを数えるときに自然数とものを1対1に対応させているだけなのだ。

この考え方はその集合（もののあつまり）が有限個のものからできている、無限個のものからできているということに関係なく、集合にどれだけのものが含まれているか調べたり、比較したりするときにも応用できる。

集合の中のもの同士で「1対1の対応がつくか」を考え、対応がつけば同じ大きさ（多さ）、そうでなければ片方が大きい（多い）、という風に考えられるのだ。

小学校の運動会などで玉入れをやったことがあるだろうか？　経験はなくても、競技後に玉を数えるとき、紅組白組の先生が声をそろえながら籠に入った玉を同時に（これが1対1の対応）投げていく様子は思い浮かべることができるだろう。片方の組の玉がなくなれば、まだ玉が残っている組の勝ち、つまり勝った組の籠に入った玉の数の方が多いことがわかる。


無限の集合の場合も考えてみよう。先ほどのヒルベルトのホテルの2番目のエピソードを思い出してほしい。

あれは1号室の人を2号室に、2号室の人を4号室に……と自然数を偶数に対応させることで奇数号室の部屋を空室にし、そこに無限にいる（座席番号が自然数の列車に乗っている）乗客を宿泊させていた。つまり、部屋を空けるときは自然数と偶数を、無限にいる乗客を宿泊させるときは自然数と奇数を1対1に対応させているのだ。これでずっと1対1の対応が作れるということは……そう、数学では自然数全体の集合と、偶数全体の集合、奇数全体の集合は全て同じ大きさ（多さ）の無限とみなすのだ。自然数も偶数も奇数も同じだけあるなんて……。発展的な内容なので、羊を数えるより早く眠くなってしまった人もいるかもしれない。そろそろ終わりにしよう。

ここでは話さなかったが、実は整数や有理数は自然数と同じだけあり、実数は自然数よりたくさんあることが数学的に証明できる。意欲がある方は参考文献などで調べてみてほしい。

酒井祐貴子

STORY 24

3人の中から最強を決める!

【巴戦】

2つのチームが対戦、もしくは2人が対戦して勝者が決まるようなスポーツについて、考えてみる。サッカー、卓球、相撲、テニス、野球などのことである。

これらのスポーツのワールド大会などでは、多くの国からチームが参加して優勝者が決まる。大会によって、総当たり戦だったり、トーナメント戦であったり、また予選では総当たり戦で本戦ではトーナメント形式が採用されていたり様々である。大会によっては、事前に対戦の抽選会が開催され、抽選の結果で一喜一憂する場合もあるだろう。

まず初めに2チームが優勝戦で戦うことを考えてみよう。

2チームから優勝者を決める方法は、その2チームが戦って、勝った方を優勝とすれば良いのは、すぐにわかるだろう。

では、3チームが優勝戦で戦うことを考えてみよう。

例えば、予選は3ブロックに分かれていて、それぞれのブロックから予選突破の1チームが選ばれ、本戦に進出したとする。このとき、3チームからどのように優勝チームを決めると良いだろうか。どのような順番で対戦するか。あなたならどうする？

大相撲で**巴戦**という優勝者を決定する方法がある。

3人のうち2人が対戦し、その勝者と対戦をしなかった1人が対戦をする。このように勝者がもう1人の力士と対戦することを繰り返し、2連勝する力士がいた場合、その力士を優勝者とする方法である。つまり優勝した力士は、自分以外の2人とその直前の戦いでそれぞれ連続して勝った人である。この優勝者の決め方は、良いように感じるか

もしれない。総当たり戦で考えているのと同じで他の2人に勝ったんだから一番強い！と思うかもしれない。

でも、実は**この決め方で一番強い人が勝つとは限らない**のである。

AとBとCが優勝候補者とする。AとBとCの力の強さが、それぞれ10、10、11の力バランスだとする。つまり、AとBの強さは同じで、CはAとBの強さより少し強いとする。AとCの強さは10と11なので、10＋11＝21を元にして、AとCが戦うと10／21の確率でAが勝ち、11／21でCが勝つ。BとCも同じような確率で勝敗が決まるとする。AとBは同じ強さなので、それぞれ勝つ（負ける）確率は1／2とする。

大相撲の巴戦では、くじで初戦を戦

■A、B、Cの勝ち負け

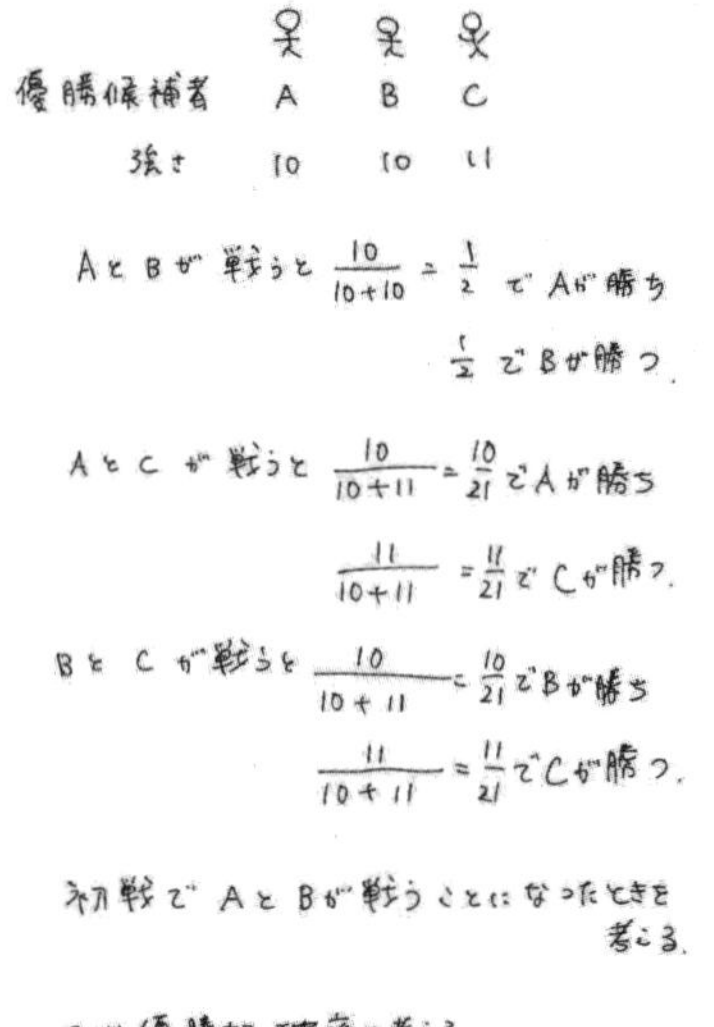
Cが優勝する確率を考える.

う力士が決まる。今、AとBがくじで初戦を戦うこととなったとする。このとき、Cが優勝する確率を考えてみよう。今、力のバランスで言うとCが一番強いので、Cが優勝する確率が大きくなると予想できるのだが、さあどうなるか？

Cが勝つ確率は、31％、Cが一番強いのに、**勝つ確率が1／3（約33％）よりも小さい**ことになる。初戦で戦うことが有利に働くことが要因である。3人の中から2人ずつ対戦して誰が最強か決める決め方というのは実は難しいのである。「運も実力のうち」なのかもしれない。

さあ、あなたならどのような決め方をするだろうか？

■ルール

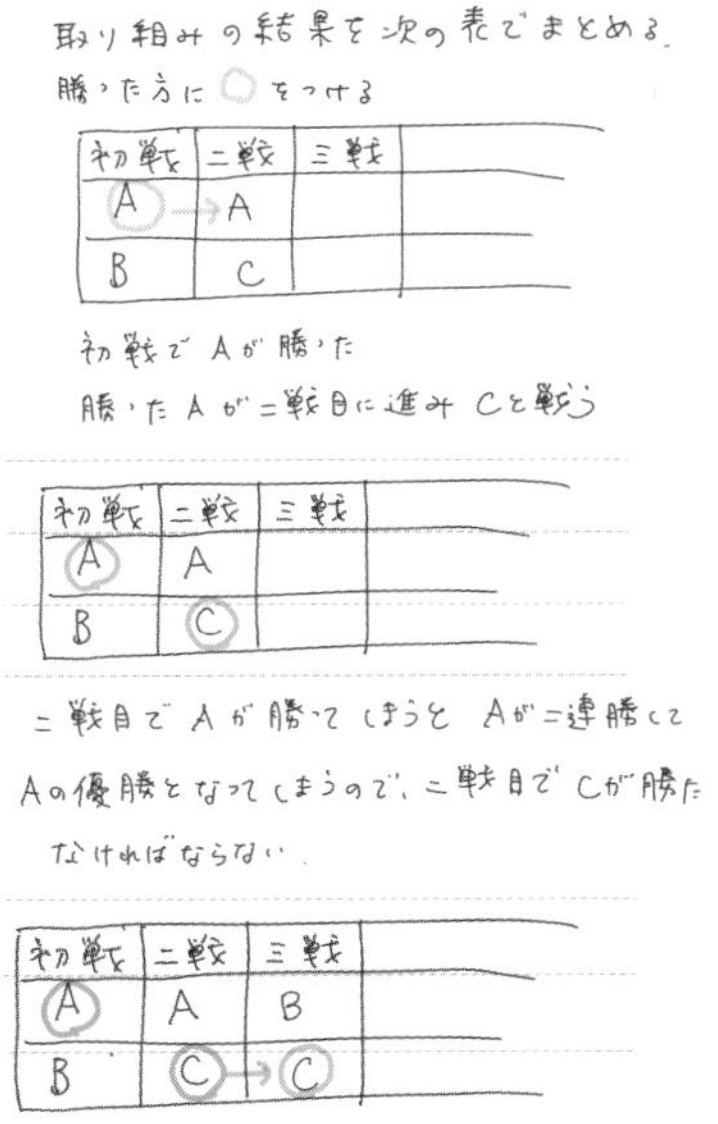
取り組みの結果を次の表でまとめる。
勝った方に○をつける
初戦
二戦
三戦
A
A
B
C
初戦でAが勝った
勝ったAが二戦目に進みCと戦う
初戦
二戦
三戦
A
A
B
C
二戦目でAが勝ってしまうとAが二連勝して
Aの優勝となってしまうので、二戦目でCが勝たなければならない。
初戦
二戦
三戦
A
A
B
B
C
C

■計算

二戦目で勝ったCは三戦目でBと戦う。
三戦目でCが勝てばCの優勝が決まる。

初戦	二戦	三戦	四戦	五戦	六戦
Ⓐ	A	Ⓑ→	B	Ⓒ→	Ⓒ
B	Ⓒ	C	Ⓐ→	A	B

もし三戦目でBが勝ったとする。
すると四戦目でBとAが戦う。Cが優勝するためには四戦目でAが勝ち、
五戦目でAとCが戦いCが勝ち、
六戦目でBとCが戦いCが勝つと
Cの優勝が決まる。

Cが優勝するのは、
三戦目か六戦目か九戦目か…と
3の倍数のとき。
それぞれの確率を考えてみる。

三戦目にCが優勝する確率を求める。

①

初戦	二戦	三戦
Ⓐ	A	B
B	Ⓒ	Ⓒ

②

初戦	二戦	三戦
A	Ⓒ→	Ⓒ
Ⓑ→	B	A

①と②はAとBが入れかわっただけ。

① $\frac{1}{2} \times \frac{11}{21} \times \frac{11}{21} = \frac{1}{2} \cdot \left(\frac{11}{21}\right)^2$
（初戦　二戦　三戦）

② $\frac{1}{2} \times \frac{11}{21} \times \frac{11}{21} = \frac{1}{2} \cdot \left(\frac{11}{21}\right)^2$

①+② $= \left(\frac{11}{21}\right)^2$

六戦目にCが優勝する確率は、

初戦	二戦	三戦	四戦	五戦	六戦
Ⓐ	A	Ⓑ→	B	Ⓒ→	Ⓒ
B	Ⓒ	C	Ⓐ→	A	B

$$\frac{1}{2}\times\frac{11}{21}\times\frac{10}{21}\times\frac{1}{2}\times\frac{11}{21}\times\frac{11}{21}=\left(\frac{1}{2}\right)^2\times\frac{10}{21}\times\left(\frac{11}{21}\right)^3$$

これが AとBを入れかえたものも考えられるので、

$$\left(\frac{1}{2}\right)^2\times\frac{10}{21}\times\left(\frac{11}{21}\right)^3+\left(\frac{1}{2}\right)^2\times\frac{10}{21}\times\left(\frac{11}{21}\right)^3=\frac{1}{2}\times\frac{10}{21}\times\left(\frac{11}{21}\right)^3$$

同じ様に少し大変だけど

九戦目で C が優勝する確率は、

$\left(\frac{1}{2}\right)^2\times\left(\frac{10}{21}\right)^2\times\left(\frac{11}{21}\right)^4$ となり

知りたい C が優勝する確率は、

$$\left(\frac{11}{21}\right)^2+\frac{1}{2}\times\frac{10}{21}\times\left(\frac{11}{21}\right)^3+\left(\frac{1}{2}\right)^2\times\left(\frac{10}{21}\right)^2\times\left(\frac{11}{21}\right)^4+\cdots\cdots$$

（初項 $\left(\frac{11}{21}\right)^2$、公比 $\frac{1}{2}\times\frac{10}{21}\times\frac{11}{21}$、の等比無限級数の和）

$$=\frac{\left(\frac{11}{21}\right)^2}{1-\frac{1}{2}\times\frac{10}{21}\times\frac{11}{21}}$$

$$=\frac{242}{882-110}=\frac{242}{772}$$

$$=\frac{121}{386}$$

約31%

嶽村智子

STORY 25

数学を使ってケーキの3等分に挑戦

【三角比】

ホールケーキを切る瞬間が結構好きだ。たぶん、ホールケーキを買うようなときはお祝い事が多いと思うのだが、ケーキを切るときはそのお祝いの幸福感をみんなで分け合うようでなんだか嬉しくなる。一人暮らしの人や、家族が少ない人だとなかなかケーキをホールで買う機会はないかもしれないが、人生のうちに何度かはホールケーキや丸いお菓子を1／3や1／6に切る場面に遭遇したことがあるだろう。

半分、そして半分と……1／4や1／8に切るときと違い、1／3や1／6に等分に切るのはちょっと難しい。そんなときに役立つかもしれない？ 1つの方法を紹介しよう。

①まず図のように1か所だけ**ケーキの中心から外側に切る**。
②次に目測でその切込みの**上部分の中点**を考える。

■ケーキの3等分

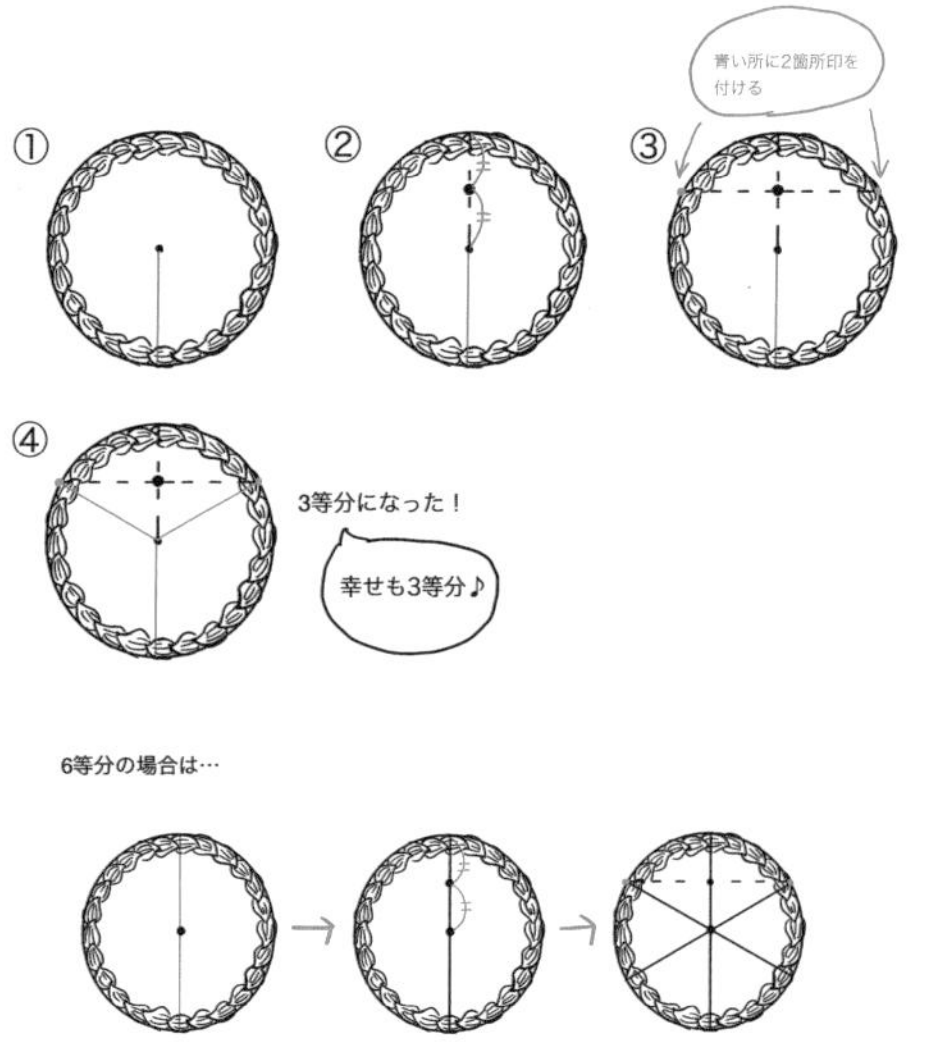

①
②
③
青い所に2箇所印を付ける
④
3等分になった！
幸せも3等分♪
6等分の場合は…

③その中点を通り、**切込みに垂直**になるように頭の中で直線を描き、その**直線とケーキの縁のぶつかるところ**にマークを付けよう（2ヶ所できる）。
④後は中心からそれぞれのマークに向かって切れば3等分の出来上がり。

なぜこんなことが成り立つのか？
それは**三角比**のおかげである。皆さんは三角比とか三角関数という言葉を聞いたことがあるだろうか？　そう、サイン、コサイン、タンジェントだ。

この言葉を聞いた途端嫌気がさす人もいるかもしれないが、この三角比や三角関数は高校までに習う数学の単元の中でも、特に生活の色々な場で活用されている概念だ。

三角比が古くはピラミッドの時代から測量に役立てられてきたというのは、教科書にも載っている有名なエピソードであるし、現代においても大工さん達は毎日使うらしい。さらに三角関数になると、物理の世界はじめ、データ解析など科学の様々なところで利用されている。ここでは三角関数の話までは行かず、三角比の、特に三角定規の知識で今のケーキを3等分できた理由を説明しようと思う。

初めに少しだけ三角比の話をしておこう。三角比の1つのポイントは、直角三角形の直角以外の1つの角を決めると、三角形の形が決まることにある。例えば、下の図には大きい三角形ABCと小さい三角形ADEという2つの三角形が描

■三角比は同じ

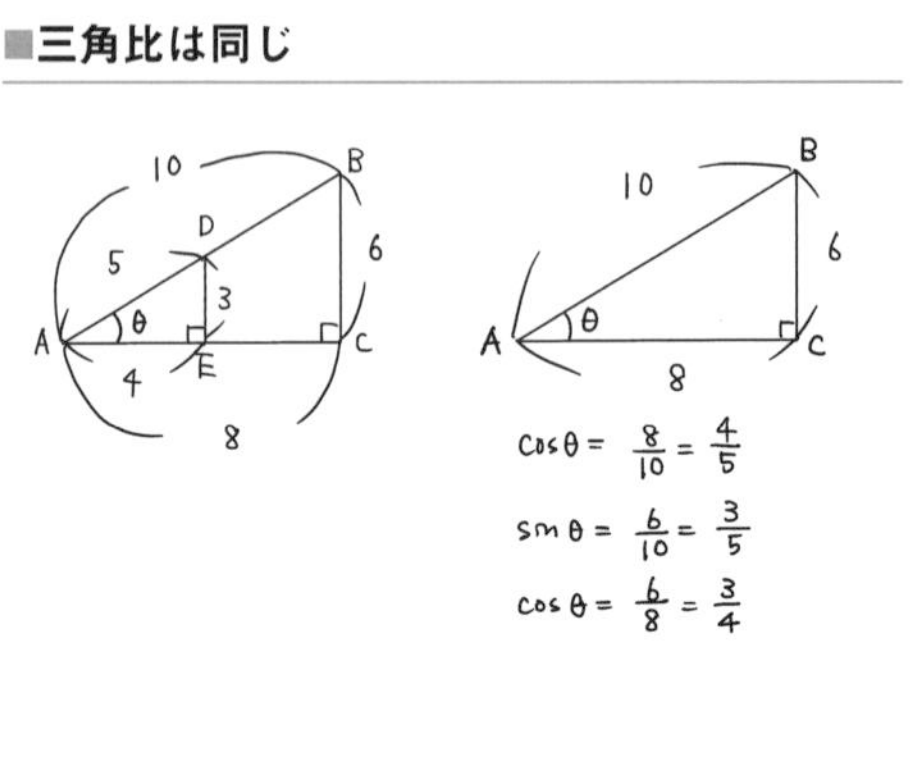

かれているが、この2つは、大きさが違えど、同じ形をしているのがなんとなくわかるだろう。

このように拡大や縮小しただけの関係の図形を相似な図形といい、**相似な三角形は3辺の長さの比が等しい**（だから同じ形になるのだ）。特に**直角三角形の3辺のうち、2つの辺の比のことを三角比**という。直角三角形の場合は、直角以外の1つの角の大きさが決まると三角形の形が決まる（つまり3辺の長さの比も決まる）ので、結局、三角比は図のθ（ギリシャ文字のシータ）によって定まると言える。

実際、直角三角形がある場合、サイン（sin）、コサイン（cos）、タンジェント（tan）と呼ばれる三角比は上の図のように求められる。この定義と先程の「三角比は同じ」の図から、θが共通している直角三角形（つまり相似）については、三角形の大きさに関係なく三角比が同じになることがわかってもらえたと思う。

■三角比の定義

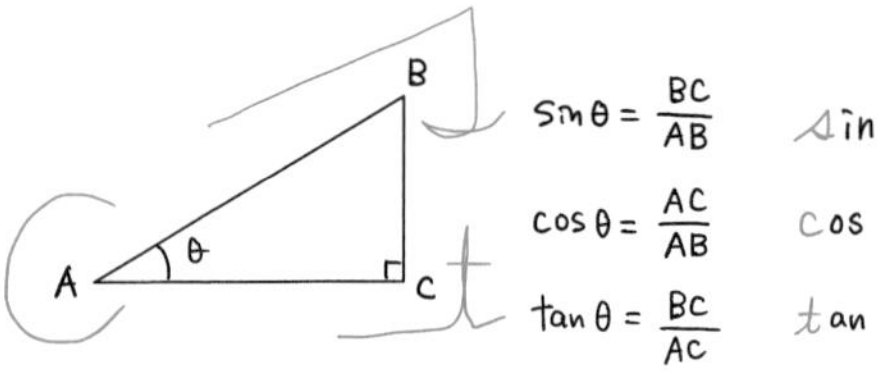

次に、三角定規に出てくる30°、60°の角をもつ直角三角形について考えてみよう。

この**直角三角形は正三角形を2等分してできる特別な三角形**だ。よって、図のように**60°の角を挟む2つの辺の長さには2：1**の関係がある（ABは元の正三角形の1辺、BCはその半分の長さになっている）。

もう皆さんはここまでの情報からsin 30°を計算できるはずだ。

そう、その答えは1／2になる。逆に、このように**辺の比が2：1になる直角三角形を考えると30°が作図できる**のだ。これが、冒頭の方法でホールケーキを3等分、6等分できた時のからくりである。

円の中心は360°なので、3等分にする時には中心の角度が120°であるような扇形に切る必要がある。一方直角は90°なので、120°というのは90°からさらに30°いったところ、と考えることもできる。ちょうどケーキの中に今考えた30°、60°の角をもつ直角三角形が描ければ、60°の角をもつ頂点と円の中心を結ぶ直線でケーキを切ることで、ケーキを3等分できることになる。

■三角定規の三角形

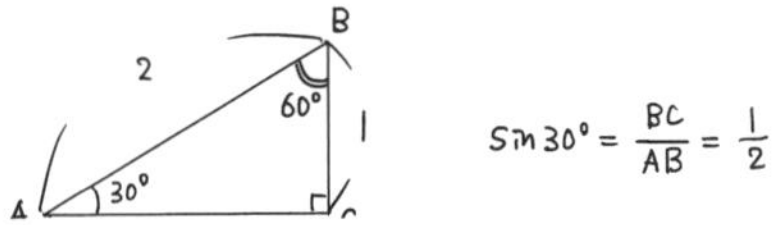

ではどうやってこの三角形を描くのか……今、直角三角形の斜辺が円の半径になっていることに着目すれば、その半分の長さを図のようにとって直角三角形が描けるのである（三角比、sin 30°＝1／2を使うことに対応している）。

■3等分のからくり

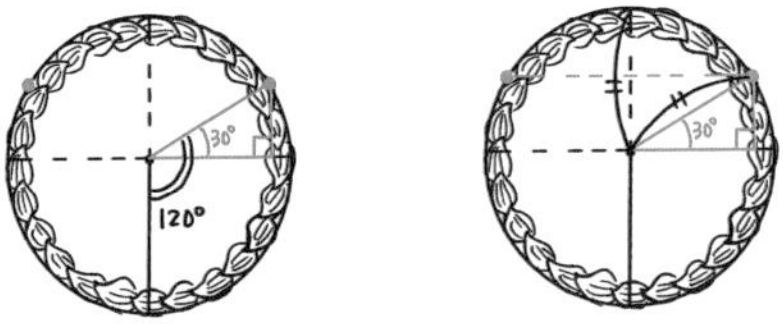

ここまでの話でケーキを3等分、つまり1／3ずつに切ることができるようになった。ついでにこのエピソードから、12話「呪術廻戦で考える無限に続く足し算の不思議」で保留にしていた、1＝0・999…という式についても説明しておこう。

既に書いたように、無限に続く循環する小数は必ず分数の形に書くことができ、逆に分数は必ず、無限に続く循環する小数の形に書くことができる。したがって、1／3も、実際に1割る3を計算することによって1／3＝0・333…という形に書ける。そして、この式の両辺を3倍すると、やはり1＝0・999…という式が得られる。

しかし、実際に1割る3を計算すると1／3＝0・333…となることには納得できても、1＝0・999…という式を見ると途端に違和感を覚えるのではないだろうか。1／3に切ったケーキを3つ合わせたら元通りになるのに、それを小数で考えると0・999…となんだか元より小さくなった印象を受けてしまうだろう。いや、それとも1／3＝0・333…自体がおかしいのか?!

実は、この違和感はこの式の表記法から来るものだ。もちろん、1＝0・999…は正しい式なのだが、その意味は「0・999…と無限に9が続いていく小数は、その桁数をどんどん増やしていくと、限りなく1に近づきますよ」ということを表しているのである。

12話でやった無限に続く足し算を思い出せば何となく理解できるだろう。

■別解

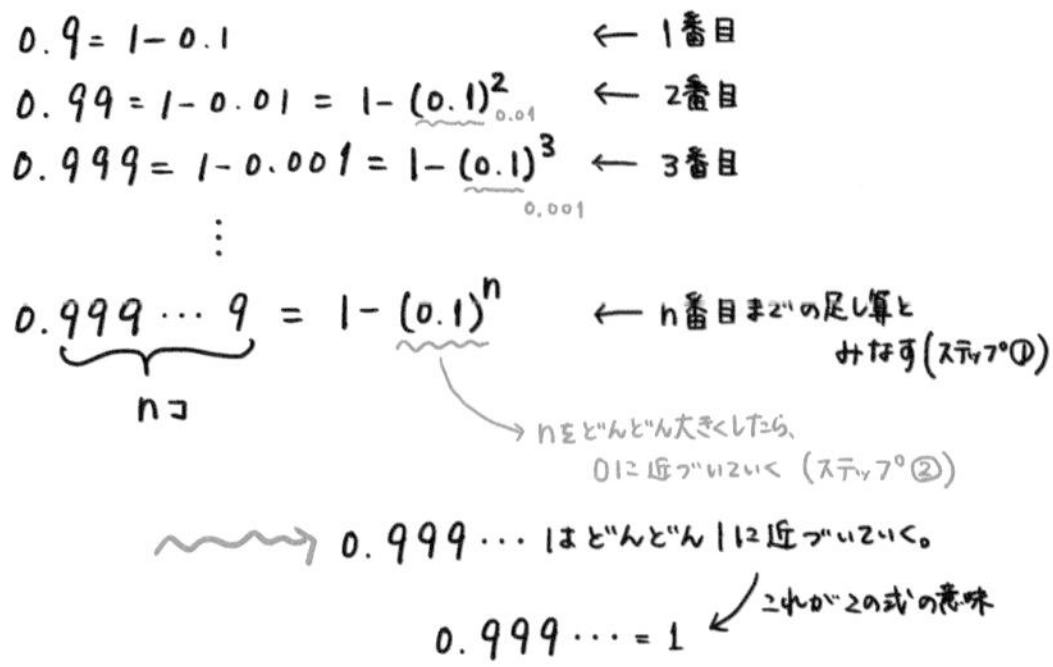

ここでは、ケーキの3等分、三角比、と3という数字が沢山出てきた。ちなみに、ホールケーキのサイズ、4号、5号、6号という言い方、あれは3をかけるとちょうどそのケーキの直径の長さになるらしい。つまり4号は直径12㎝、5号サイズは直径15㎝、6号サイズは直径18㎝だ。誰かと幸せを分かち合うホールケーキを購入するときのために覚えておくといいかもしれない。

余談だが、筆者は、1切れのケーキを1つだけ買うのに抵抗がないタイプである。若干の恥ずかしさはあるものの、日ごろ頑張っている自分のためだけに、どうしても食べたいその1切れのケーキを買うというその行為自体に自分へのご褒美という特別感があって、贅沢をした気分になる。もちろん、みんなでおいしさを分かち合うのはまた別の幸せがあるのだけれど。

酒井祐貴子

STORY 26

初志貫徹で本当に良いの？

【モンティホール問題】

脱出ゲームで、目の前に三つの扉があり、三つの扉の前に次のようなルールが書いてある。

＊ここでは、あなたの運を試します。
＊目の前の扉には一つだけゴールにワープできる扉があります。
＊一つ扉を選び進むことができます。

［扉の選び方］

1）まずあなたがこれだと思う扉を選んでください。
2）その後、あなたが選ばなかった二つ扉のうちゴールにワー

■脱出ゲーム

どれか１つの扉が
ゴールにワープできる

プできない扉を教えます。

3）あなたは初めに選んだ扉を進んでも良いですが、選ばなかった扉へ進むこともできます。

あなたがゴールにワープしたいと思っているときに、3）で初めに選んだ扉を進むか、選ばなかった方の扉を選んで進むかどちらにするだろうか？

■脱出ゲーム（ルール）

これ
これ
右端の扉はハズレじゃ！
どちらの扉へ進みますか？

初めに選んだ扉と選ばなかった扉では、ゴールにワープできる確率が変わらないように思うかもしれない。でも、実は**選ばなかった扉の方がゴールにワープでき**

る確率が高いのだ。

戦略として、初めに選んだままの扉を最後まで貫き通す（初志貫徹型）とするか、最後に違う扉を選ぶ（心機一転型）とするとあなたはどちらの戦略にするだろうか。

［初志貫徹型］

■**初志貫徹型**

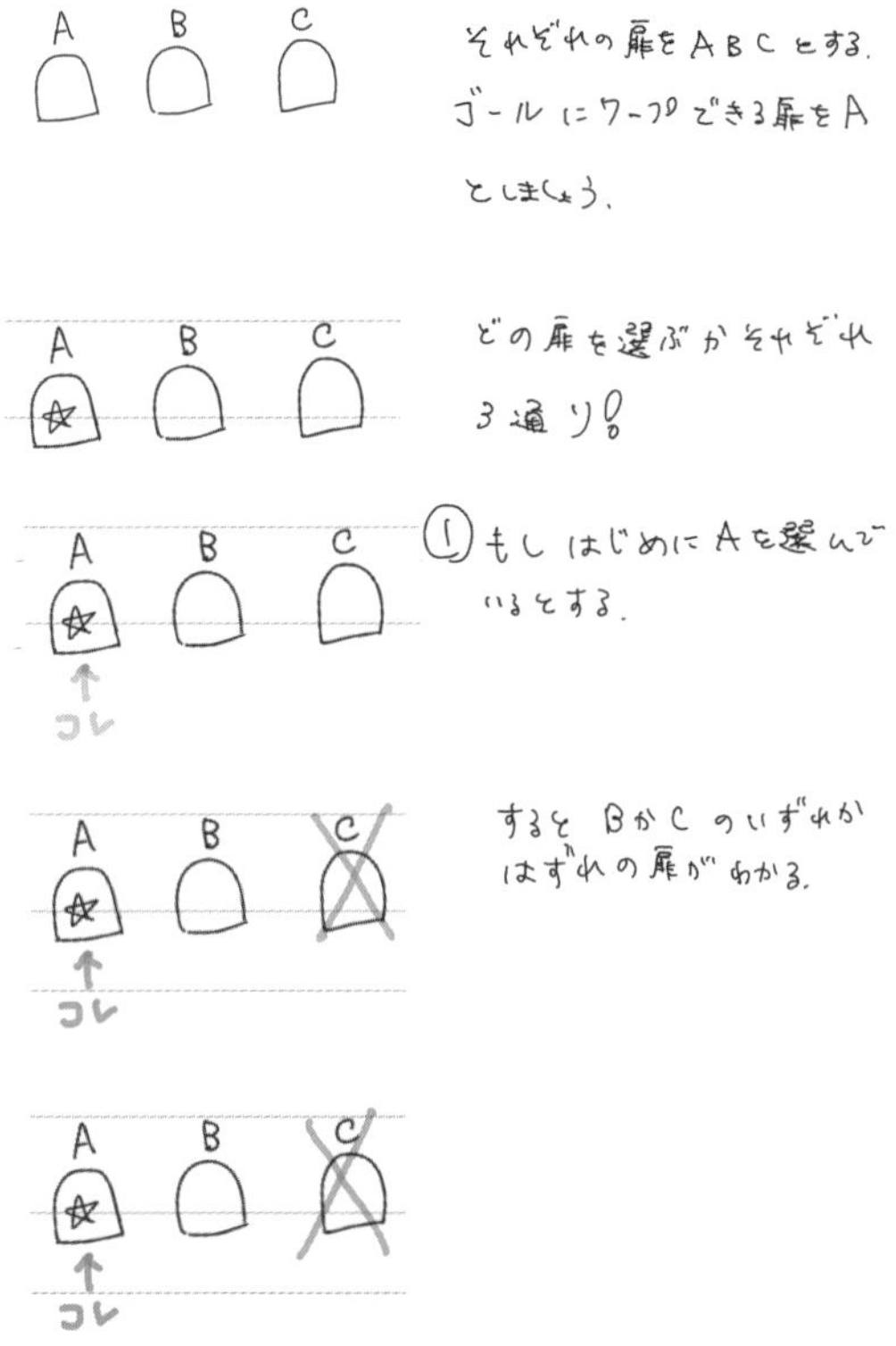
A B C
それぞれの扉をABCとする。
ゴールにワープできる扉をAとしましょう。
A B C
どの扉を選ぶかそれぞれ3通り!!
A B C
コレ
①もしはじめにAを選んでいるとする。
A B C
コレ
するとBかCのいずれかはずれの扉がわかる。
A B C
コレ

初めにゴールへワープできる扉を選ぶことができるのは、3つのうち1つだけなので、1／3の確率。

［心機一転型］

初めにゴールへワープできる扉を選んでいるとき、もう1つの扉ははずれ。

初めにゴールへワープできない扉を選んでいるとき、もう1つの扉はゴールへワープできる。

心機一転型だと、初め

■心機一転型

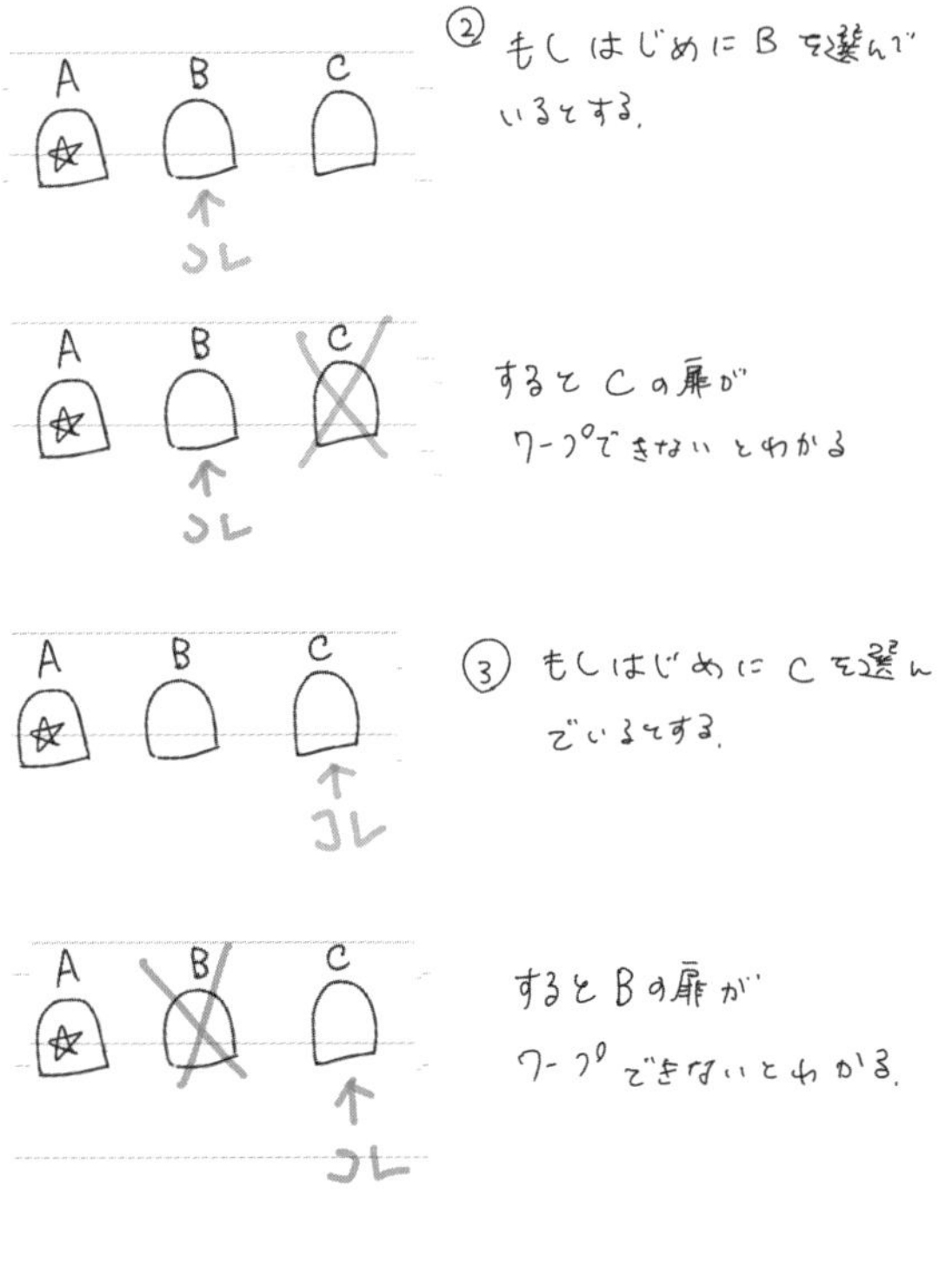
A B C
② もしはじめにBを選んでいるとする。
ゴール
するとCの扉がワープできないとわかる
③ もしはじめにCを選んでいるとする。
するとBの扉がワープできないとわかる。

にワープできる扉を選んでいないときに、つまり、**確率2／3のときにゴールへワープできる扉を選ぶことができる**。

初志貫徹型よりも心機一転型の戦略の方がゴールへワープする確率が断然多いのだ。

ただ、この話には注意しないといけないことがある。このゲームは、ルールが初めに明確になっていて、はずれの扉を教えてもらえることが確定しているということ、が重要だ。選び直せることがわかっているので、初めにむしろはずれの扉を選んでおくと最後にゴールへワープできる扉を選ぶことができるのだ。

もし、はずれの扉を教えるか教えないかが出題者に委ねられているとすると、話は大きく変わってくる。

出題者によっては、解答者が不正解の扉を選んでいるときには、その後の選択権を与えず、解答者が正解の扉を選んでいるときには、気持ちを揺らがせるために（このモンティ・ホール問題を知っていて、違う扉を選ばせるために）、はずれの扉を教えて、もう一度選択させようとしてくる可能性があるからだ。そんな場合には、出題者にちゃんとルールを明確にしてもらって、再度、初めから扉を選択するところから始めると、正解する確率が2／3と格段によくなる。

ちなみに扉が3つでなくても同じように考えることができる。少し難易度は上がるが、同じように考えてみて。何か買い物をするときに役立つこともあるかもしれない。

嶽村智子

STORY 27

自動販売機で考える写像の話

【写像】

日本では当たり前の自動販売機。海外から来た外国人は、日本中どこでもすぐに飲み物が飲めることに感動するらしい。特にここ数年はコロナ禍の影響で飲み物だけでなく、生鮮食品や、お菓子、調理済み食品など様々なレパートリーの自販機が出現している。そういえば、くじの要素と自販機の要素を兼ね備えた1000円自販機。前から気になっているのだが、やはりなかなかチャレンジする勇気はない。

本題に入ろう。大学以降の数学では集合と集合の間の対応（規則）を考えて研究をすることが多い。数学用語では、その**対応（規則）のことを写像**と呼んでいる。

23話「無限を数える」で「1対1の対応」を考えるという話をしたが、あのときに考えた「とってきた魚と家族のメンバー」、「自然数ともの」、「紅組のカゴの中にある玉と白組のカゴの中にある玉」などの対応も実はすべて写像の話としてとらえることができる。

大学の数学の話なんて難しそう、なんて思う人もいるかもしれないが、1対1対応がわかっている皆さんなら大丈夫。この節では日本の誇るべき自販機を例に用いて、数学科の学生でも初めに躓く、「全射」や「単射」、「全単射」という写像の概念を紹介してみたい。

既に、ものの集まりの事を**集合**と呼ぶということは説明したが、**その集合に含まれているもののことを元（げん）または要素**という。

難しいことはない。とってきた5匹の魚を1つの集合と考えるのであれば、そのうちの1匹1匹が要素、自然数全体を1つの集合と考えるのであれば、その集合の要素は1，2，3……という自然数1つ1つである。

では先ほどの写像をもう少しだけ正確に表現してみよう。

【写像】

2つの集合A，Bに対し，Aの要素をBの要素に対応させる規則（対応）を集合Aから集合Bへの写像という。

難しく聞こえるかもしれないが、この写像の概念は私たちの生活のいたるところに潜んでいる。

そこで自販機の登場だ。ここではより簡単に話を進めるため、以下のようにボタンに番号の振ってある自販機を考えることにしよう。

これは1と2のボタンを押すと同じ種類のお茶が出てきて、3のボタンを押すとコーヒー、4のボタンを押すとジュース（一応リンゴの絵を描いたつもり）、5のボタンを押すと水を買うことができる自販機だ。この自販機は**1から5までの自然数の集合A**

■図① 自動販売機

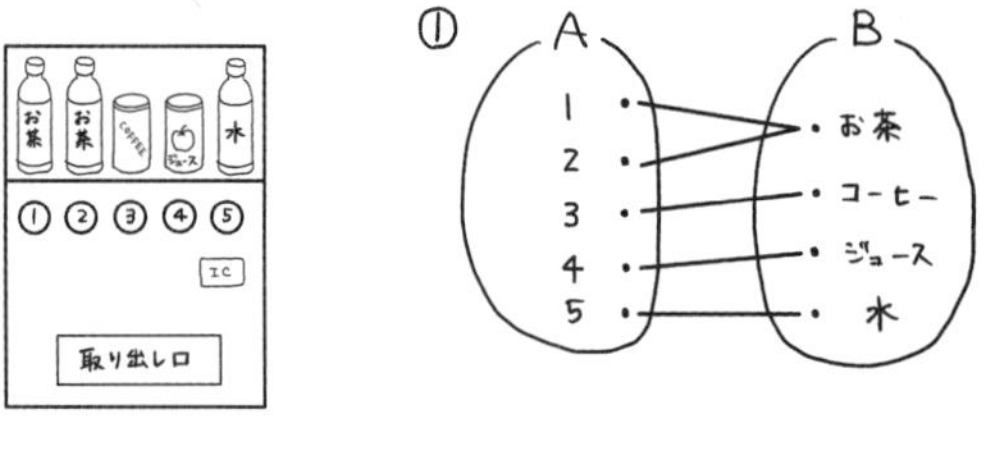

から4つの飲み物からなる集合Bへの写像を与えている、とみなすことができる。

図①自動販売機を見れば、数字と飲み物が対応し合っている様子（線で結ばれている要素が対応している）がわかるだろう。このような対応を与える規則を写像とみなすのである。

「あぁ、では、2つ集合があって、その要素を点とみなしたときに、適当にそれぞれの集合の点を結べば写像を考えられるのか？」というと、そういうわけではない。

下の図②を見てほしい。

図①に似ているが、色が変えてあるところを見ると、これがおかしいことに気づくだろう。図②によれば、2のボタンを押したらお茶とジュース両方が出てきてしまう。こんな自販機はない。そして、それと同じ理由から、このようなものは写像とは言えないのだ。写像とは集合Aの1つの要素を集合Bの1つの要素に対応させるよう

■図② 写像ではない例

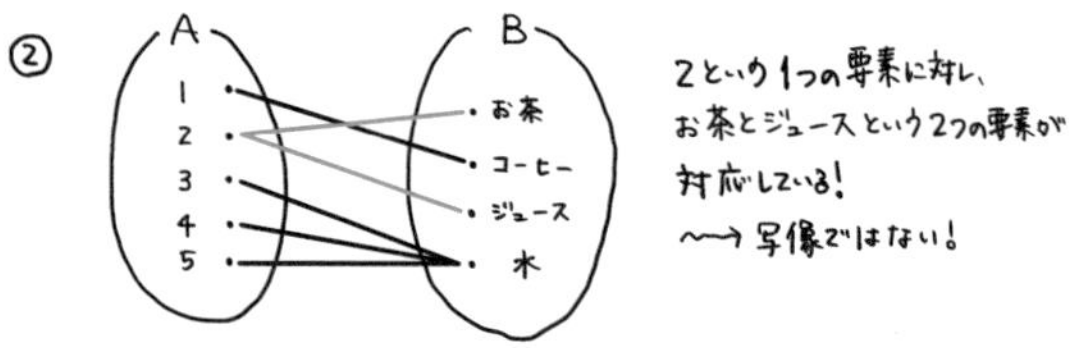

な規則なのであり、**Aの1つの要素に対して、Bの2つの要素が対応するようなものは考えない**。

ただ、自販機の例の「1を押してもお茶、2を押してもお茶」のように集合Aの要素と集合Bの要素を1つずつ対応させた結果、たまたま同じ所に線が行ってしまう場合はある。

写像について、なんとなく理解してもらえたと期待しつつ、ここからは少し応用的な話をしていこう。

実は図①のように、**Bの全ての要素に向かう線が描けるとき、その写像は「全射」**であるという。その自販機には4種類の飲み物（お茶・コーヒー・ジュース・水）が売っていて、「必ず何番かのボタンを押せば、その4種類の飲み物が全て買える」という状況だ。「**全てが買える**」が「全射」である。

では、「全射」じゃない写像とはどういうものなのだろうか？

飲み物の自販機でも説明はできるのだが、少し無理な設定になってしまうので、冒頭にあげた1000円自販機を例に挙げてみよう。

1000円自販機、現実には色々種類があるだろうが、下の図のような、表に夢の豪華グッズの写真がたくさん載っているタイプを考えることにする。

この絵に描いてある景品は11品目。それに対して、番号ボタンは9個。この自販機は1つの番号に対して、1種類の商品が割り当てられているとすると、この時点で、たとえ9000円かけて全てのボタンを試してみても、全ての商品をゲットできるわけではないことは明らかだ。

しかし、この自販機はもしかしたら下の図③のような写像を与える自販機かもしれない。ただでさえ、番号ボタンは9個、商品の写真は11個で、どう頑

■図③ 1000円自販機

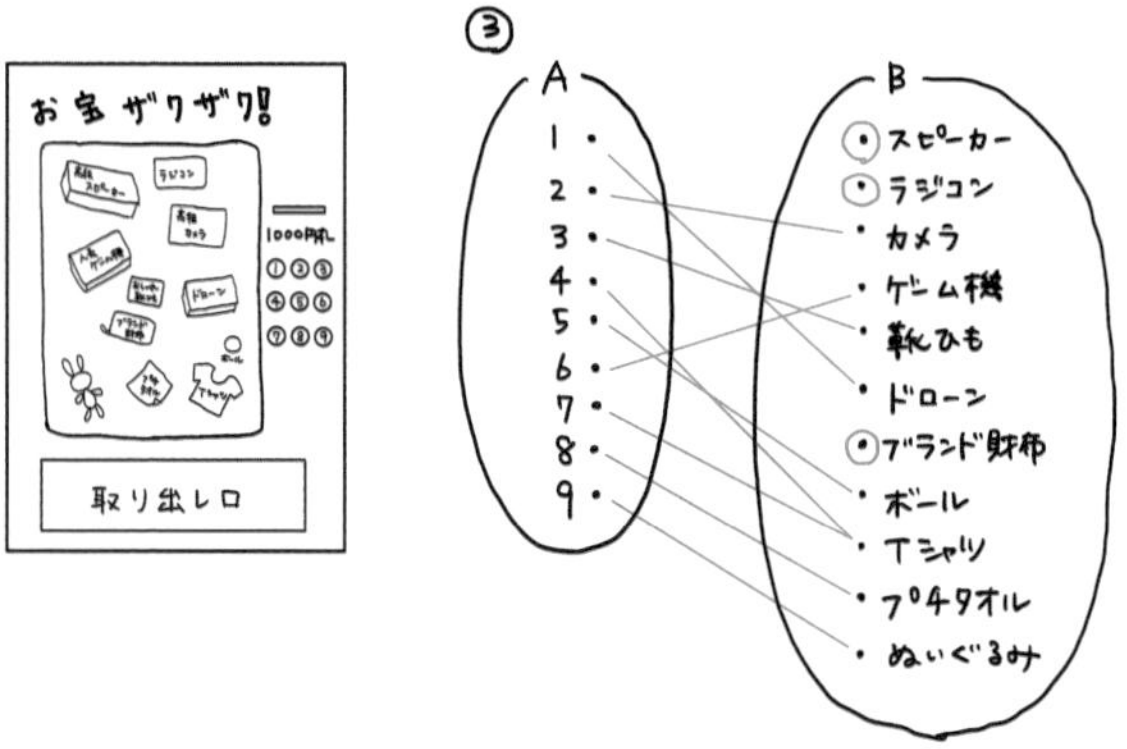

張ってもゲットできない商品があるのに、4番を押しても、7番を押してもTシャツという状況があり得るのだ。

このように、Bの方に、どこからも直線が来ないような要素があるとき、その写像は「全射でない写像」という。図③の場合だと、スピーカー、ラジコン、ブランド財布は何番を押してもゲットできない。Bの**「全てが買える」が成り立たないのが、「全射」でない写像**だ。

次に図③を少しだけ変えて、4を押すとブランド財布がゲットできるように、自販機の設定を変えてみよう。

図④を見てほしい。

■図④ 全射でなく単射

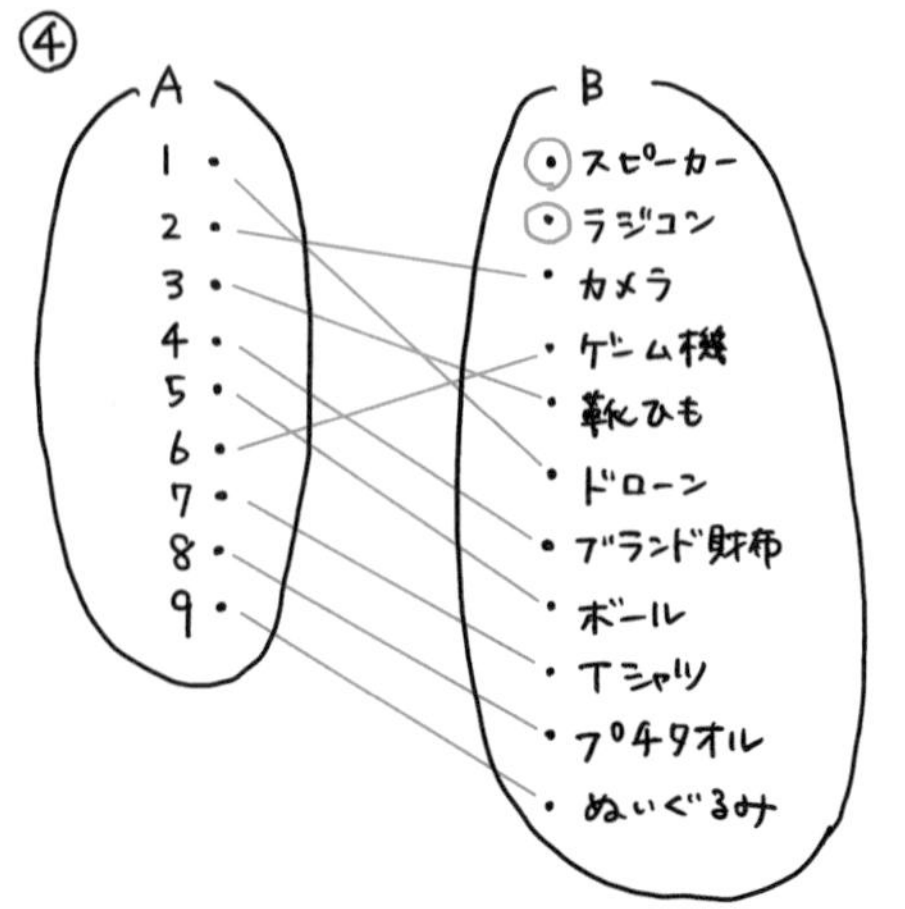

相変わらずどの番号を押してもスピーカーとラジコンはゲットできないので、この自販機もやはり「全射」でない写像だ。しかし、この④は先程の③とは違う、今から説明する「単射」という性質を持っている。③と④の図の違いが判るだろうか？

図③では4を押しても7を押してもTシャツが手に入るが、図④にはそのようなものがない。図④のようにとりあえず線で結ばれている者同士は**「全て単独」で結ばれている状態の写像を「単射」**という。そう思って先ほどの初めの飲み物の自販機の例を思い出してみよう。

図①の写像はどういう写像と言えるだろうか？ ①は「全てが買える」ので全射、でも、お茶には2本の直線が対応しているので「単射ではない」。つまり、「全射だが単射でない写像」ということができる。ちなみに、図③は「全射でも単射でもない写像」である。

ここまで、「全射だが単射でない写像」(①の例)、「全射でも単射でもない写像」(③の例)、「全射でなく、単射である写像」(④の例)が出てきたが、では「全射でもあり、単射でもある写像」とはどういうものだろうか。

これを「全単射な写像」というのだが、これこそあの「1対1の対応」を与える写像である。自販機で言うと、図のような、番号ボタンが5個、飲み物は5種類で「全てが買える」、「番号と飲み物が単独に対応している」状況だ。

この節では少し難しい話をしてしまったが、なんとなく集合の要素同士を対応させる写像という概念があるんだなぁ、とわかっていただけただろう。

ところで、皆さんは中学や高校で写像の特別な場合について、既に沢山学んでいることにお気づきだろうか？ 実は皆さんが学校で学んできた「関数」は写像の一種なのだ！ 関数は、数と数を対応させる写像であり、写像は数を含め、どんなものでも対応させることのできる、より広い、一般化された概念といえる。これまで挙げた例からもわかるように、写像という概念

■全単射（1対1）

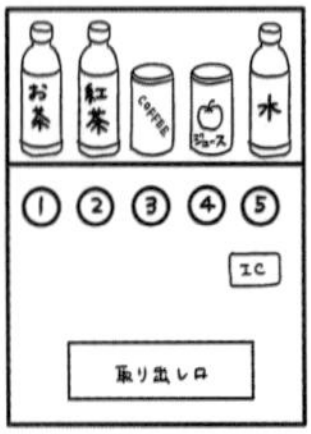

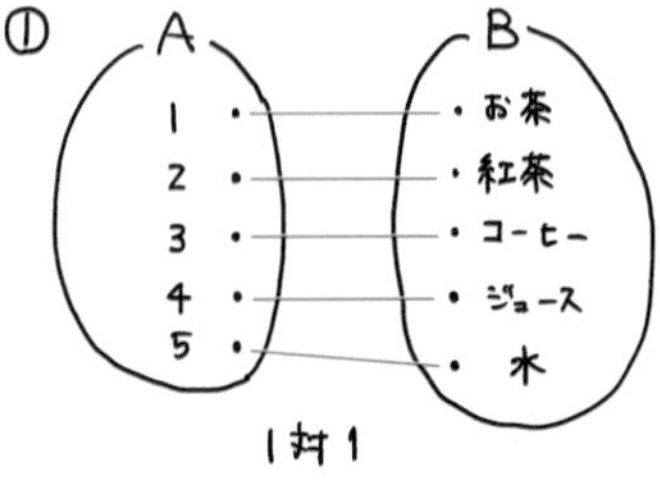

は普段の生活の色々なところで使われているのだ。たまには身の回りの写像を探してみてはは？

酒井祐貴子

STORY 28

おやつの時間

【トポロジー】

午後3時になったら毎日楽しみにしているおやつの時間だ。今日は友人2人が訪ねてくるので、ホールケーキを買っておいた。お気に入りのカップに紅茶を注いで、3人で仲良く食べられるように、ケーキをうまく切り分けよう。

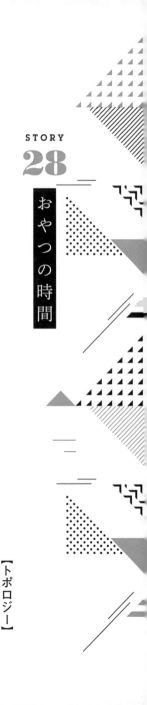

ケーキを3等分する切り方については、25話「数学を使ってケーキの3等分に挑戦」で紹介したように、三角定規の直角三角形を意識すると、120°ずつ上手に切ることができた。算数で使った三角定規って、おやつの時間にも活躍するのだ。

もちろん、同じ形（120°の扇形）3つに切る方法以外にも（現実にケーキナイフでうまく切ることができるかは別として）、量を3等分する切り方は、他にもたくさんある。

円柱形のケーキを上から見て、円の半径が6とすると、面積（半径×半径×π）は6×6×π＝36πなので、一つひとつが12πになるように分ければ良い。

つまり、図のように切っても、それぞれ3ピースとも同じ量になっている（それぞれのピースがバラバラにならないようにつなげて切るためには、少し誤差が入るけれど）。

ぱっと見だと分かりにくいが、半径が2、4、6の半円の面積が順に2π、8π、18πであることをふまえると、それぞれの大きさの半円で区切られた部分の面積を組み合わせ、12πを作れることがわかるだろう。

こうして、ケーキを同じ量で分ける方法を考えてみたけれど、きっちり角度や面積をはかるのに疲れ

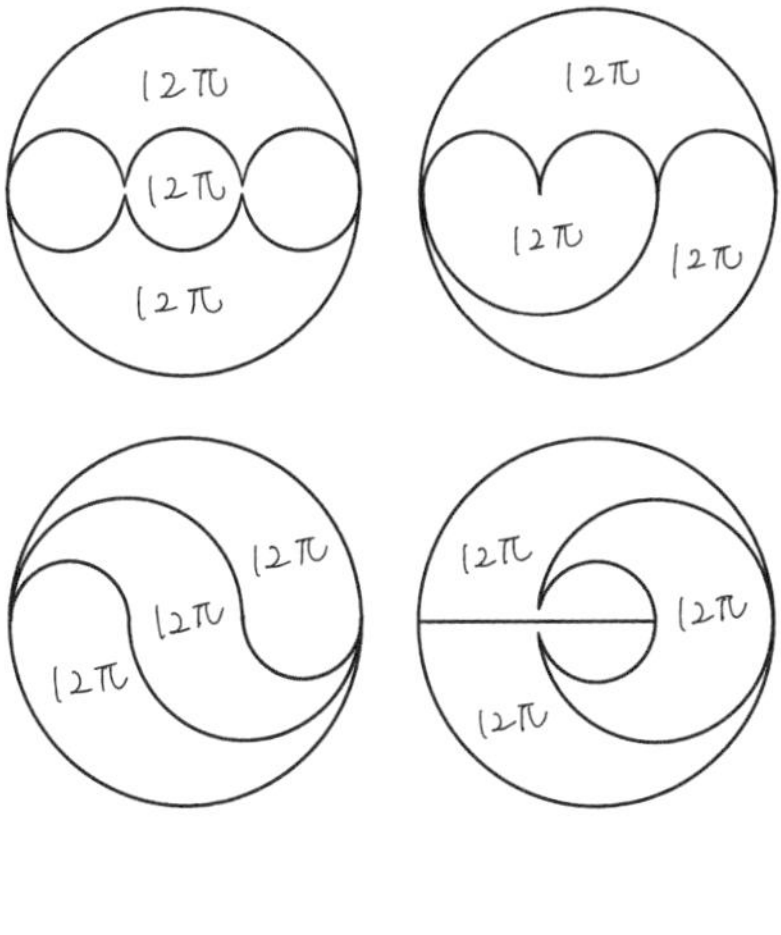

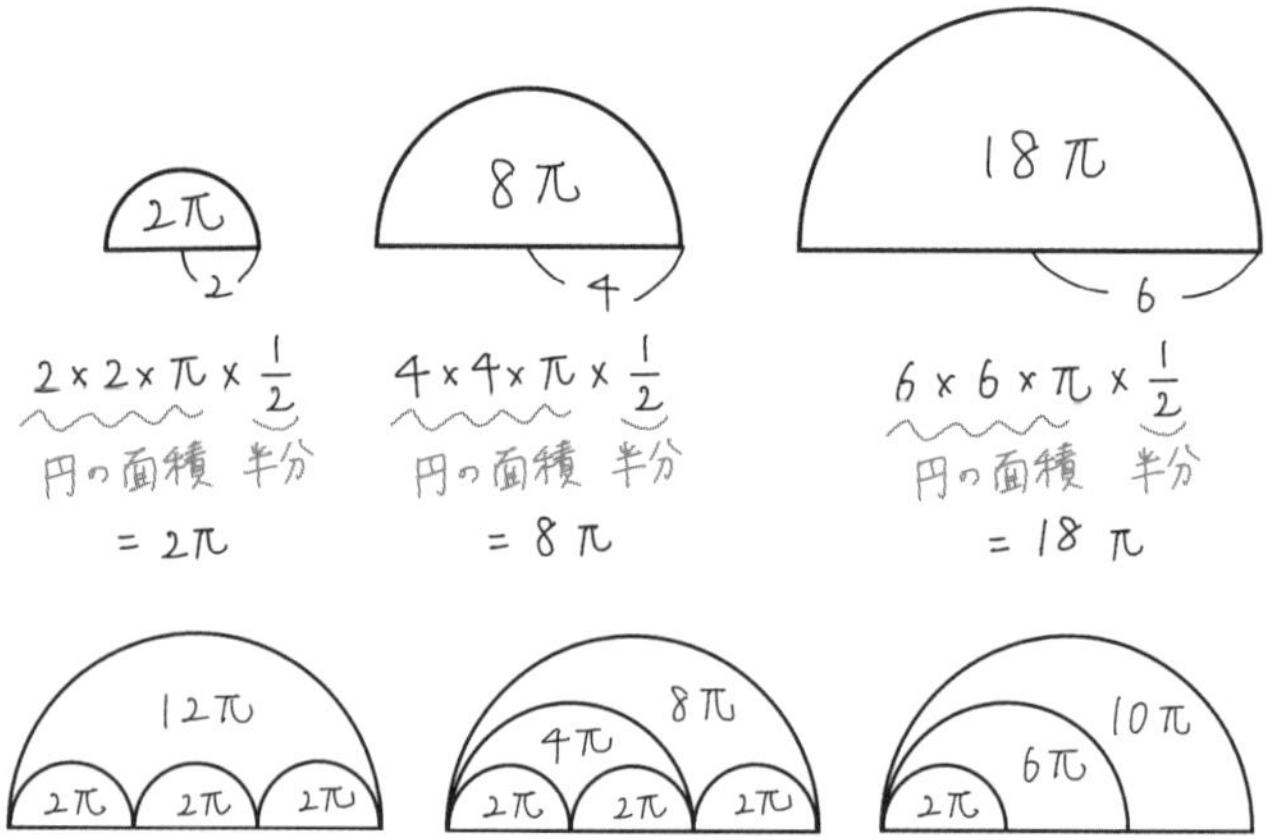

てしまったら、今日はもっとおおらかに、トポロジーの価値観でおやつの時間を過ごしてみよう。20話「隅田川の橋めぐり」で紹介した**トポロジーの世界では、角度も長さも面積も関係なく、切ったり貼ったりすることなしに連続的に変形できるなら、みんな同じ（正確には「同相《どうそう》」）と見なすのだった。**

ゴム膜のようにぐにゃぐにゃ伸ばしたり縮めたり、そんな大胆な変形をしてしまうと、世の中のものはすべて「同じもの」になってしまうんじゃないかと心配になるが、ここで効いてくるのが「切ったり貼ったりしてはいけない」というルールだ。

例えば、ボールを取手のついたマグカップに変形する過程を想像してみよう。ボールの上側を凹ませると、まずはコップに変形できる。さらに、ここから取手のついたマグカップに変形させようと思うが、うまくいくだろうか？

なんとなく似た形には変形できるが、切ったり貼ったりしてはいけないというルールのため、取手の部分に穴が空いたマグカップに変形することは不可能なのだ。

そして、浮き輪のように初めから穴が空いた形ならば、マグカップへうまく変形できることがわかるだろう。

同じであることの条件を大きくゆるめて、角度も長さも面積も変えてしまうような変形でも保たれる性質というのが、浮き輪とボールの違いに現れる「穴の数」である（数学的には「種数《しゅすう》」という）。

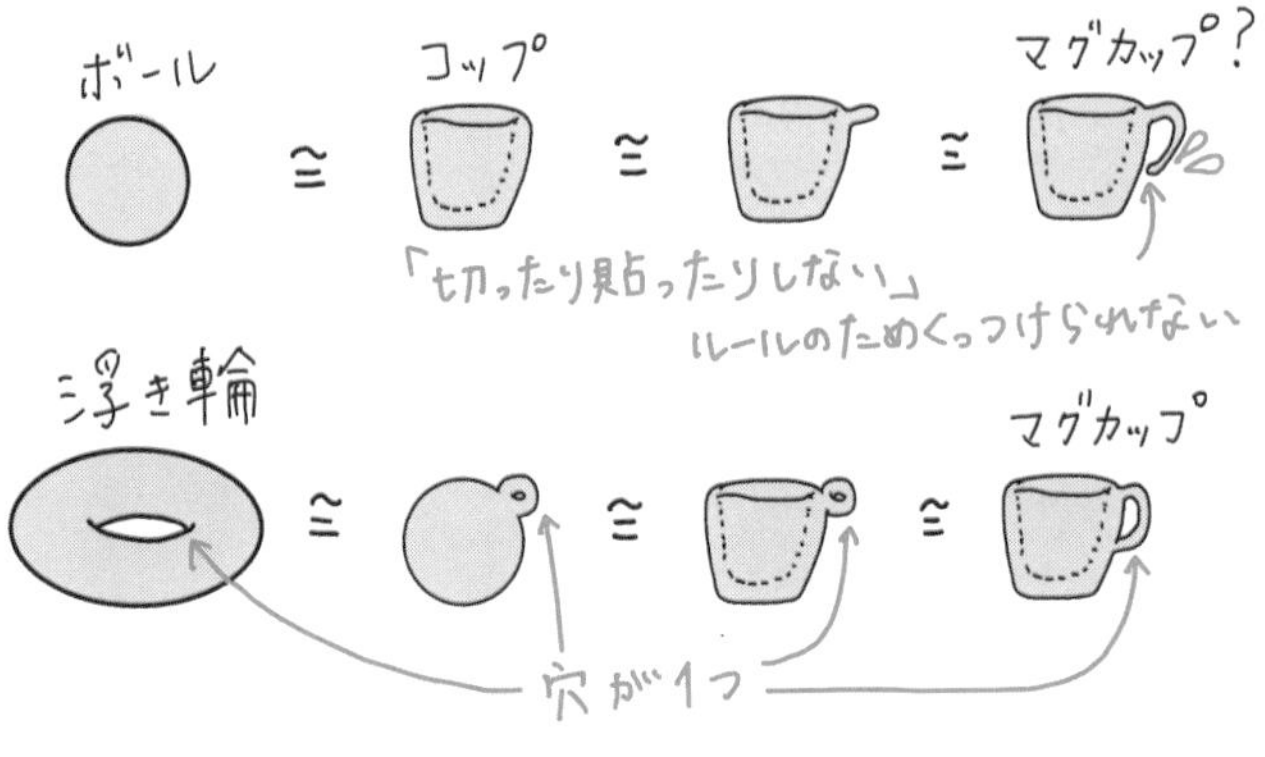

トポロジーの世界では、このように、すべてのものを穴の数で分類しているのだ。このことから、**「トポロジスト（トポロジーの研究者）はドーナツとマグカップを区別できない」**という有名な冗談がうまれた。

そう、トポロジーのおおらかな視点で見ると、ケーキを分ける大きさどころか、むしろ、食べ物と器の違いさえも気にしないのだ。

おやつの時間にテーブルの上にあるものたちは、ケーキやドーナツを含め、穴の数だけで図のように「同じ」と見なされてしまう。

ところで、一体なぜこんなにゆるい条件の「同じ」を考えるのか、不思議に思わないだろうか。ここで、トポロジーにおける難問「ポアンカレ予想」を紹介しておこう。

トポロジーの創始者とも呼ばれるフランスの数学者アンリ・ポアンカレは、１９０４年に

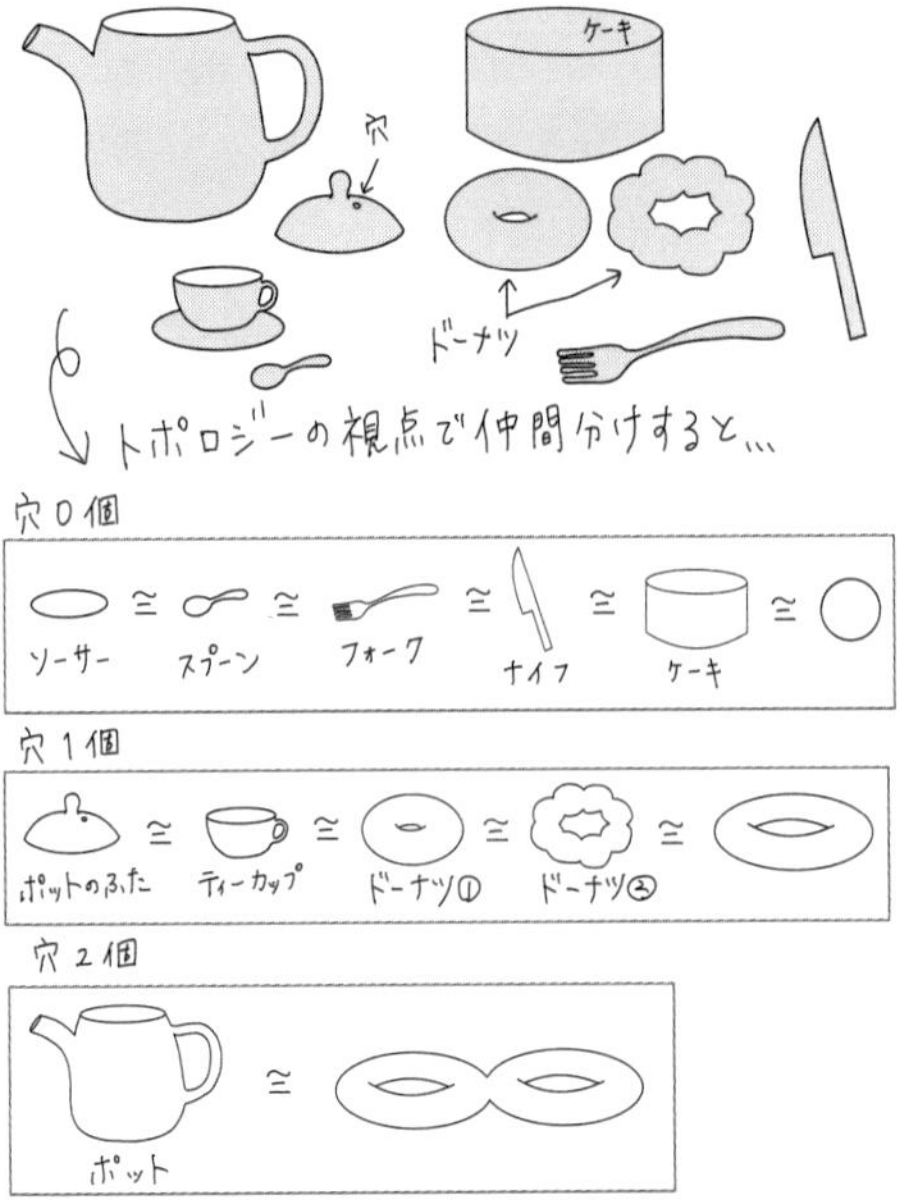

ポアンカレ予想を提起し、「この問題は、我々をはるか遠くの世界へと連れて行くことになるだろう」と残している。

　これは、「宇宙は一体どんな形をしているのか？」という問いに対して、あり得る宇宙の形をリストアップして分類するという、壮大な話題につながっているのだ。

　その後ほぼ100年が経ち、2000年、ポアンカレ予想はアメリカのクレイ数学研究所により「ミレニアム問題」に選ばれ、100万ドルの懸賞金がかけられた。

　クレイ数学研究所によるミレニアム問題には、他にも、素数の振る舞いに関係する「リーマン予想」などが選ばれていて、これまで解決されたのは、全7題のうちポアンカレ予想のみである。
ポアンカレ予想を解決したロシアの数学者グレゴリー・ペレルマンは、2006年の国際数学者会議にてフィールズ賞を受賞したにもかかわらず、辞退したことでも話題になった。フィールズ賞は数学におけるノーベル賞といわれることもあり、4年に一度開催される国際数学者会議において、40歳以下の数学者に授与される賞で、1936年に賞が作られてから辞退したのはペレルマンただ一人である。

そうそう、紅茶が冷めないうちにみんなでケーキをいただこう。実は今日は誕生日のお祝いで、ケーキにはアルファベットや数字をかたどったクッキーが乗っているのだった。晴れ渡った空の彼方、宇宙の形に思いを馳せて、クッキーの穴の数を数えてみよう（ケーキはもちろん、形や大きさを気にせず好きなように分ければよい）。

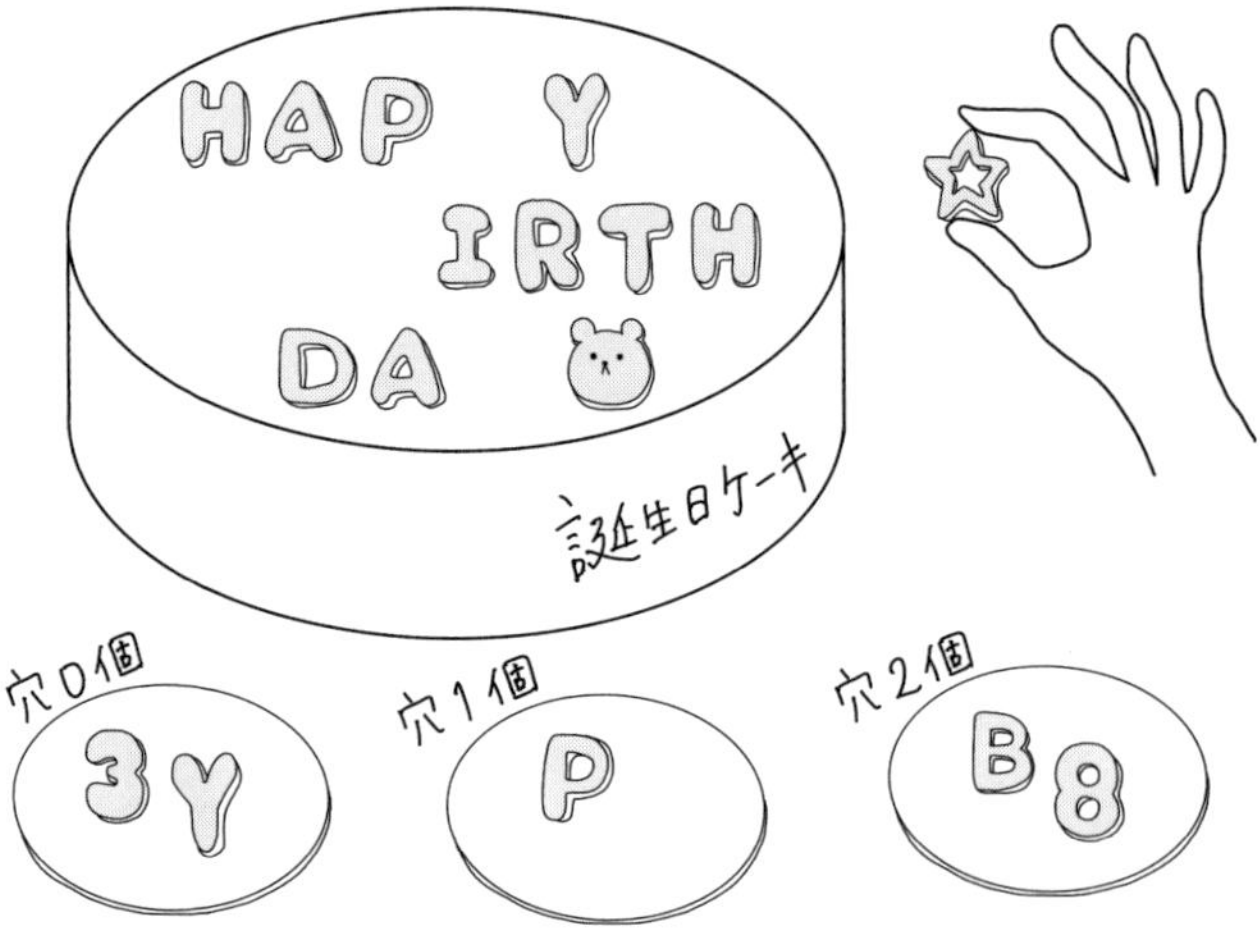
HAP Y
IRTH
DA
誕生日ケーキ
穴0個
3Y
穴1個
P
穴2個
B8

大山口菜都美

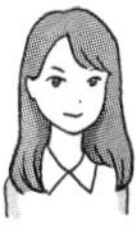

STORY
29
あみだくじで掛け算を

皆さんは「あみだくじ」と聞いてどのようなものを思い浮かべるだろうか？

たぶん、ほとんどの人が同じようなものを頭に描いていると思う。その場にいる人数と同じ本数の縦棒が引いてあり、その縦棒の間にいくつもの横棒が引いてあるもの、それが現代のあみだくじだ。縦棒の下端のそれぞれに当たりやはずれ、もしくは番号などを書いておけば、縦棒の上端から線に沿って辿っていくことでくじの役割を果たす。

実はこのあみだくじ、日本や中国のようなアジア由来のものであるらしい。確かに「あみだ」っていうのは日本語っぽいな。いや、そもそもなぜに阿弥陀なのだ？

Wikipediaによると、あみだくじは室町時代から使われており、元々は放射状に線を引いていたので、その放射状の線を阿弥陀如来の後光に見立ててこのような名前になったとか。

紙とペンさえあれば、紙をちぎったりすることなくすぐに作れるあみだくじ、お菓子のパッケージの裏などにもよく印刷されていた気がするし（ガムの紙の裏とか）、小さいころから身近すぎてその由来など気にしたことはなかったが、海外の人はあみだくじを見るとびっくりするらしい。

日本人にはお馴染みのあみだくじだが、実は大学で数学科の学生が学ぶ本の中にもあみだくじが登場しているものがあるという事実はご存じだろうか？
あみだくじは大学以降の数学で学ぶ「**対称群**」という概念と対応させることができるのだ。さすがにこの本ではそこまで難しいことは扱えないので、ほんの一部ではあるがタイトル通り、実はあみだくじの掛け算を考えることができる、という部分だけ紹介したい。

まず、あみだくじについて普段とは違う見方をしてみよう。改めて、あみだくじとは何だろうか？
先ほど、人数分の縦棒があって、その間に横棒があって……という形は説明した。もう少し見かけにとらわれず〝何が起こるか〟に着目してみよう。

あみだくじは何が便利なのだろう？

あみだくじのすごいところはいくら沢山横棒を引いて、上端から下端まで複雑な経路をたどるようなあみだくじを作ったとしても、**スタートが違えば、誰一人ゴールが同じにならない**ところだ。

我々は小さいころからそれを当たり前の事実として使ってきた（実は、数学的にもきちんと説明できる）。この事実によって、当たりはずれというだけでなく、5人なら5人に重複なく番号付けができるわけだ。

ここでは、話を簡単にするために縦棒が3本あるあみだくじを考えることにする。この時に結果だけに着目すると、あみだくじは何種類考えられるだろうか？

例えば、ウサギとクマとネコの3匹が必ずこの順番に左からあみだくじの上端を選ぶとする。先ほども確認したように、あみだくじでは別々の上端を選んだ場合ゴールが一致することはあり得ないので、その結果3つの下端のうち、どこかにウサギとクマとネコが割り当てられる。

よって、3匹の動物の並び方の数だけ、あみだくじが考えられることになり、3匹の動物の並び方は6通りあるので、結果だけに着目すると3本の縦棒があるあみだくじは6種類しかないことがわかる。

もちろん、横棒を沢山書けばあみだくじとして見た目が違うものはできるが、3匹の動物が

■あみだくじと並べ換え

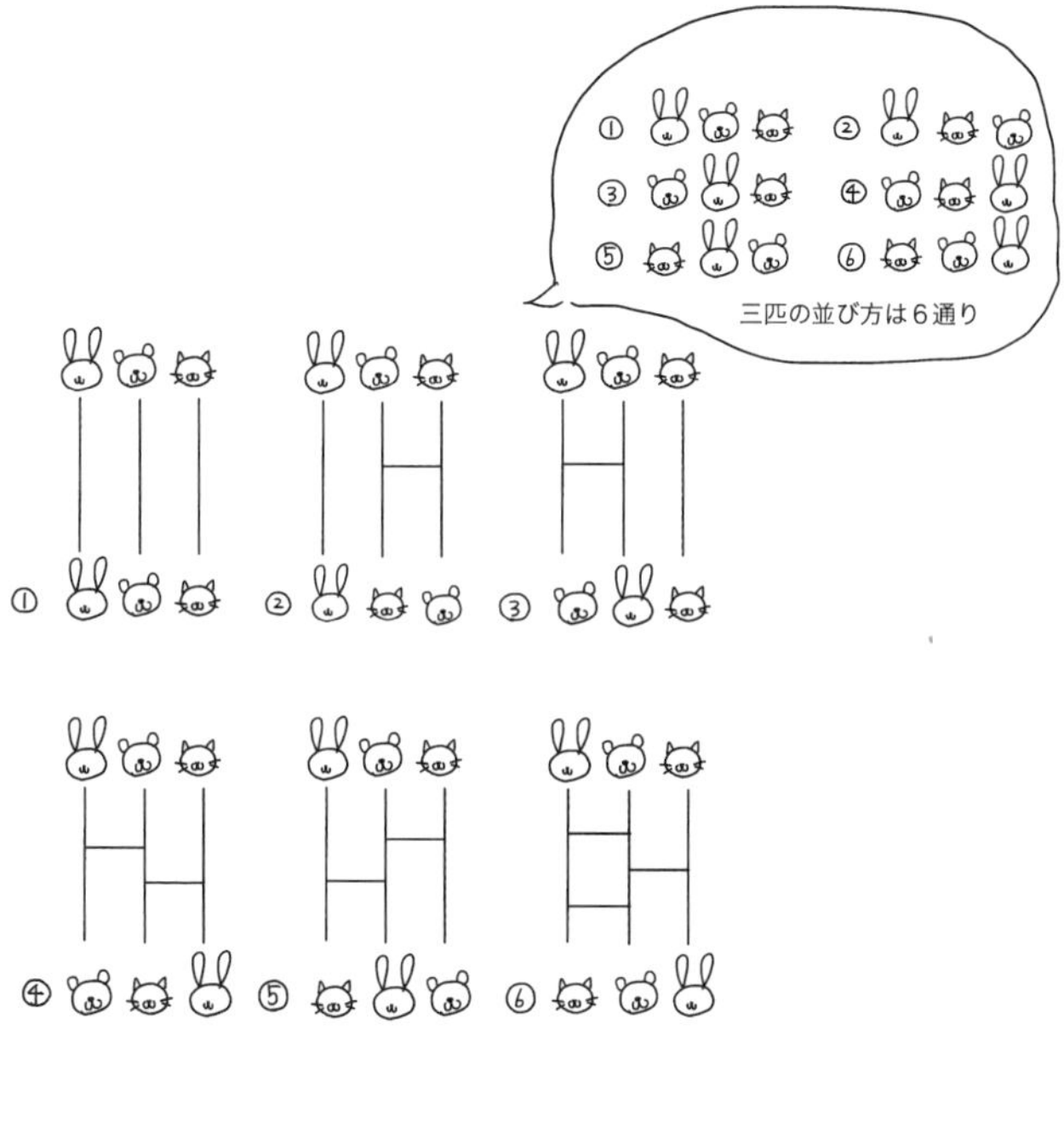

どこに行くか、という結果はこの6種類しかない。

日常の中であみだくじを使うときは、「自分の選んだ上端の行き先がどこに行くか」に注目するが（そりゃそうだ）、今見たように、**「全員の行き先がどうなるか」ということに着目すると、あみだくじの参加者の並べ換え**を考えているにすぎないのだ。

では、そろそろ先ほどの3本の縦棒のあみだくじに対して掛け算を考えていこう。と、その前にあみだくじのときと同じ問いかけをしてみたい。掛け算とは何だろう？

普段当たり前に計算をしすぎて、あまり深く考えたことがないかもしれない。ここでは大雑把に、2つのものを掛けるとちゃんと答えが出てきて、「掛け算での数字の1の役割をするもの」があって（数字の1は「1を掛けても元の数字は変わらない」という性質をもっている）、掛け合わせると

■掛け算

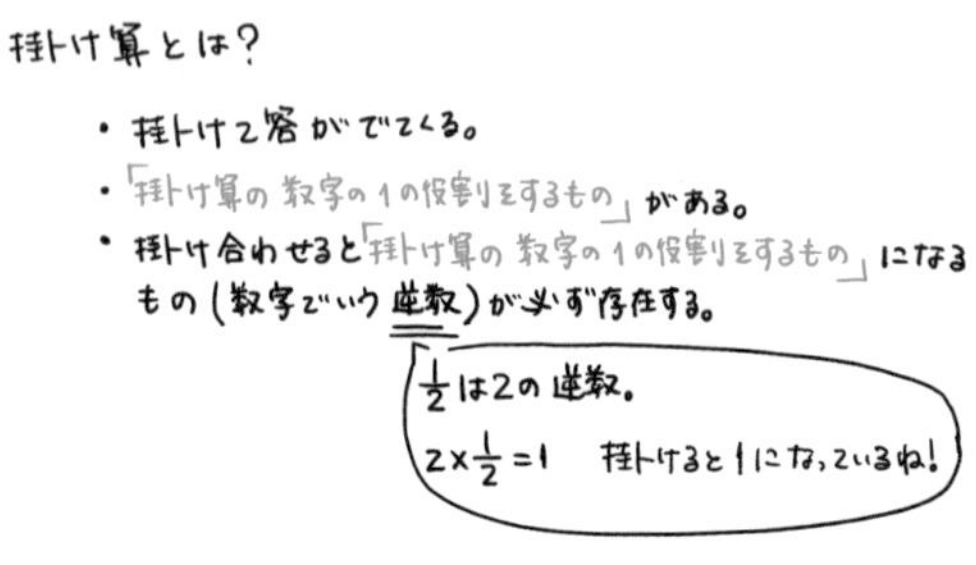
掛け算とは？
・掛けて答がでてくる。
・「掛け算の数字の1の役割をするもの」がある。
・掛け合わせると「掛け算の数字の1の役割をするもの」になるもの（数字でいう逆数）が必ず存在する。
1/2は2の逆数。
2×1/2=1　掛けると1になっているね！

「1の役割をするもの」になるもの（数字でいう逆数）が必ず存在する。そういう計算を掛け算と考えることにする。

では、あみだくじでどうやって掛け算を考えればいいのだろうか？

実はあみだくじの掛け算はとても簡単。図のような2つのあみだくじの掛け算を考えるときには右側のあみだくじを上にして、上下に2つのあみだくじをつなげるだけ。すると3本の縦棒のあみだくじ同士をつなげただけなので、また3本の縦棒のあみだくじが出来上がる。

下の図では先ほどの②と③のあみだくじを掛けたら④のあみだくじになった様子が描かれている。先ほど3本の縦棒のあみだくじは6種類しかないことは確認した。よって、あみだくじの掛け算の結果は必ず先ほどの6種類のうちのどれかになる。

■あみだ掛け算

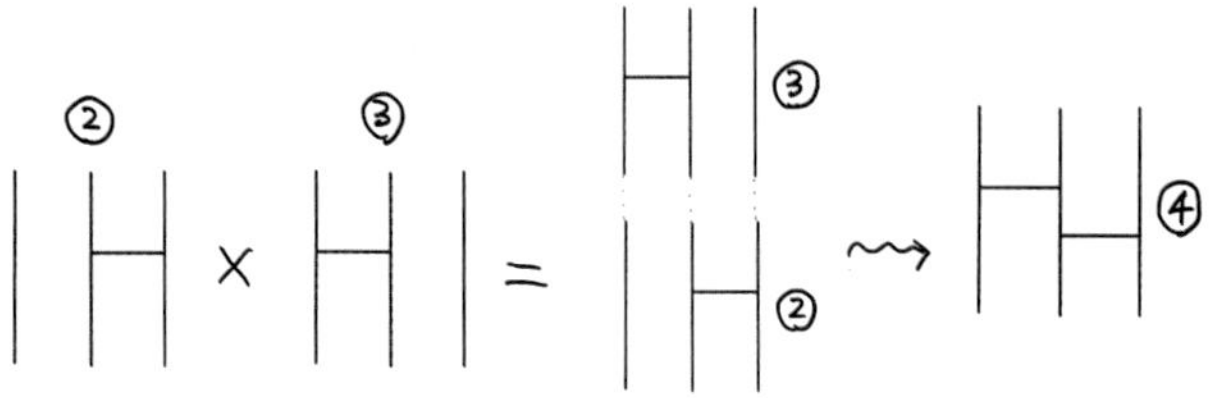

右側のあみだくじが上に来るように上下に2つ繋げる！

もう一つ別の例でも確認してみよう。今度は⑤と④を掛けてみる。先ほどと同じように、④のあみだくじを上にして、⑤のあみだくじを下につなげると、あれ？　先ほどの6種類とは形が違うあみだくじになってしまった。

　しかし、慌てることはない。実は先ほどの①から⑥の中に、このあみだくじと同じ結果をもたらすものがあるのだ。実際にこのあみだくじをやってみればわかるだろう。

　そう、これは全く横棒のない①と同じ結果をもたらすあみだくじだ。ちょっと考えれば当たり前のことなのだが、あみだくじでは、図のように2本の横棒が並んでいて、他の横棒の干渉を受けない場合、結果としては横棒が全くない状態と同じになる。

■⑤と④の掛け算

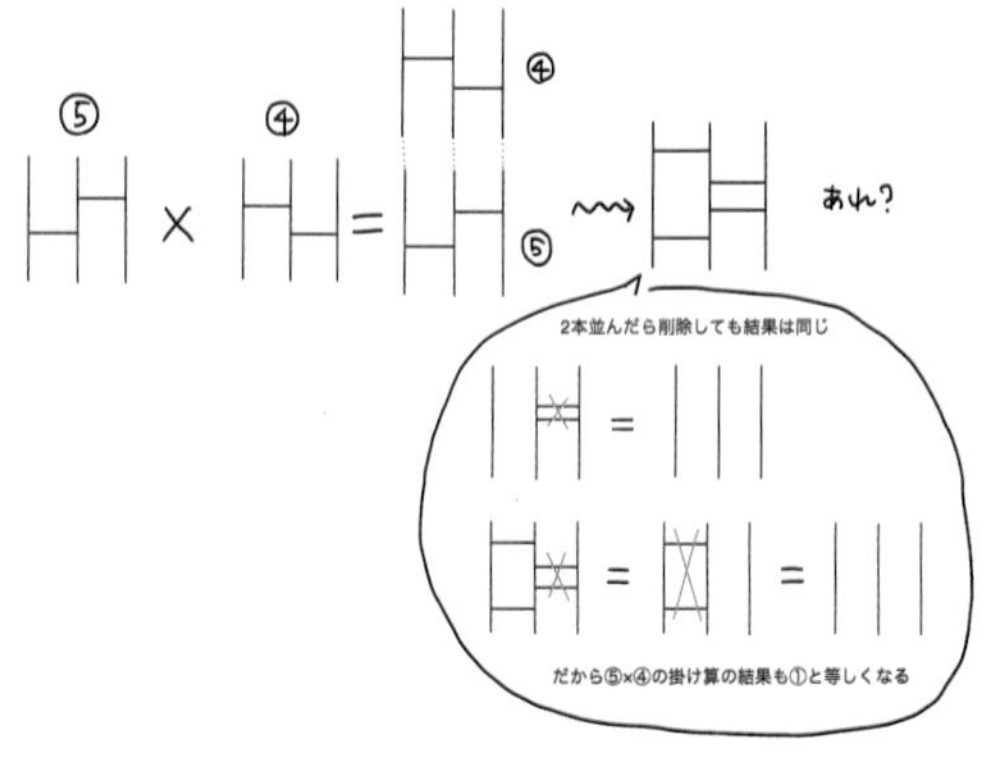
⑤
④
④
⑤
あれ？
2本並んだら削除しても結果は同じ
だから⑤×④の掛け算の結果も①と等しくなる

ゲームのように、2つの横棒が縦に2個並べば横棒2つを消してしまっていいのだ。このルールを知ってしまえば、先ほどの掛け算の結果が①と同じになることもすぐわかるだろう。他の掛け算を考えても、今のルールのもとに変形すれば必ず6種類のうちのどれかになることが確かめられるはずだ。

ところで、数字の掛け算では1を掛けても元の数字は変わらないといったが、このあみだくじで1の役割をするものがこの6種類の中にあることに気づいただろうか？

そう、1本も横棒がない①のあみだくじは、どんなあみだくじの上に付け加えても下に付け加えても、縦棒の長さが長くなるだけであみだくじの性質は変えない。①があみだくじ掛け算の世界の「数字の1」に対応するあみだくじなのだ。

では、逆数にあたるものについてはどうだろうか？

ちょうど2つ目に紹介したあみだくじ掛け算の例は2つのあみだくじを掛けたら①のあみだくじになった。ということは④の逆数に対応するのが⑤のあみだくじなのか？　答えはY

ESだ。

この④と⑤の形を見ると何か気づくことはないだろうか？　きれいな対称形になっている。実は**あみだくじ掛け算の逆数にあたるものは、元のあみだくじを上下にぱたんと折り返したもの**になっている。確かに④を上下にパタンとすると⑤のあみだくじになる。ちなみに、④と⑤以外はぱたんと折り返しても自分自身と同じ形になっている。ということは、④と⑤以外は同じあみだくじを2つつなげると、①になるということだね！

確かに②を2つつなげれば横棒が2本縦に並ぶので、その2本の横棒を消せば、1本も横棒のないあみだくじ、①になる。もう少し違う見方をしてみると、②のあみだくじでは、クマとネコの順番が入れ替わっているだけ。②の下にもう1つ②をつなげるということは、もう一度クマとネコの順番を入れ替えることになるので、「2匹の順番を2回入れ替えても、何も順番を入れ替えないのと結果が同じ」というわけだ。

今は3本の縦棒のあみだくじだけ考えたが、同じ本数の縦棒を持つあみだくじは必ずつなげられるので、3本に限らず、どんな本数の縦棒をもつあみだくじにもこの方法で掛け算が考えられる。もう少しだけ話を続ければ思い通りの順序の入れ替えを実現するあみだくじを作れるようになるのだが、話が長くなるのでここで止めることにしよう。

大学以降の数学ではこのように数字でないものに対して、掛け算を考えることがよくある。そして、このあみだくじ自体も、「全員の行き先がどうなるか」に着目することで、大学以降の数学で学ぶ「置換」や「群」という数学の概念に深く関わっている。これらはＤＮＡの螺旋構造、原子の構造など、特に対称性を記述するのに役立つ概念だ。そんな複雑な科学の世界と、子どものころから身近なあみだくじが関わっているなんて意外だったのではないだろうか。

数学は皆さんが思っているよりはるかに皆さんの身近にあるものなのかも？

酒井祐貴子

STORY 30

江戸の日本の素敵な習慣

「和算《わさん》」という言葉を聞いたことがあるだろうか？

鎖国中の江戸時代、日本では和算という独自の数学が発展し、関孝和《せきたかかず》や建部賢弘《たけべかたひろ》など多くの和算家が活躍した（日本数学会では、若手の数学者を対象として建部賢弘の名を冠した通称「建部賞」を設けている）。

しかし、江戸時代は、専門家だけでなく、大人から子どもまでたくさんの人々が全国的に数学を愛好していたのがとても興味深い。

1627年に和算家の吉田光由《よしだみつよし》によって書かれた『塵劫記《じんこうき》』は、そろばんの使い方から面積や利息の求め方など、当時の日常生活に必要な数学を網羅する内容となっていて、数学の

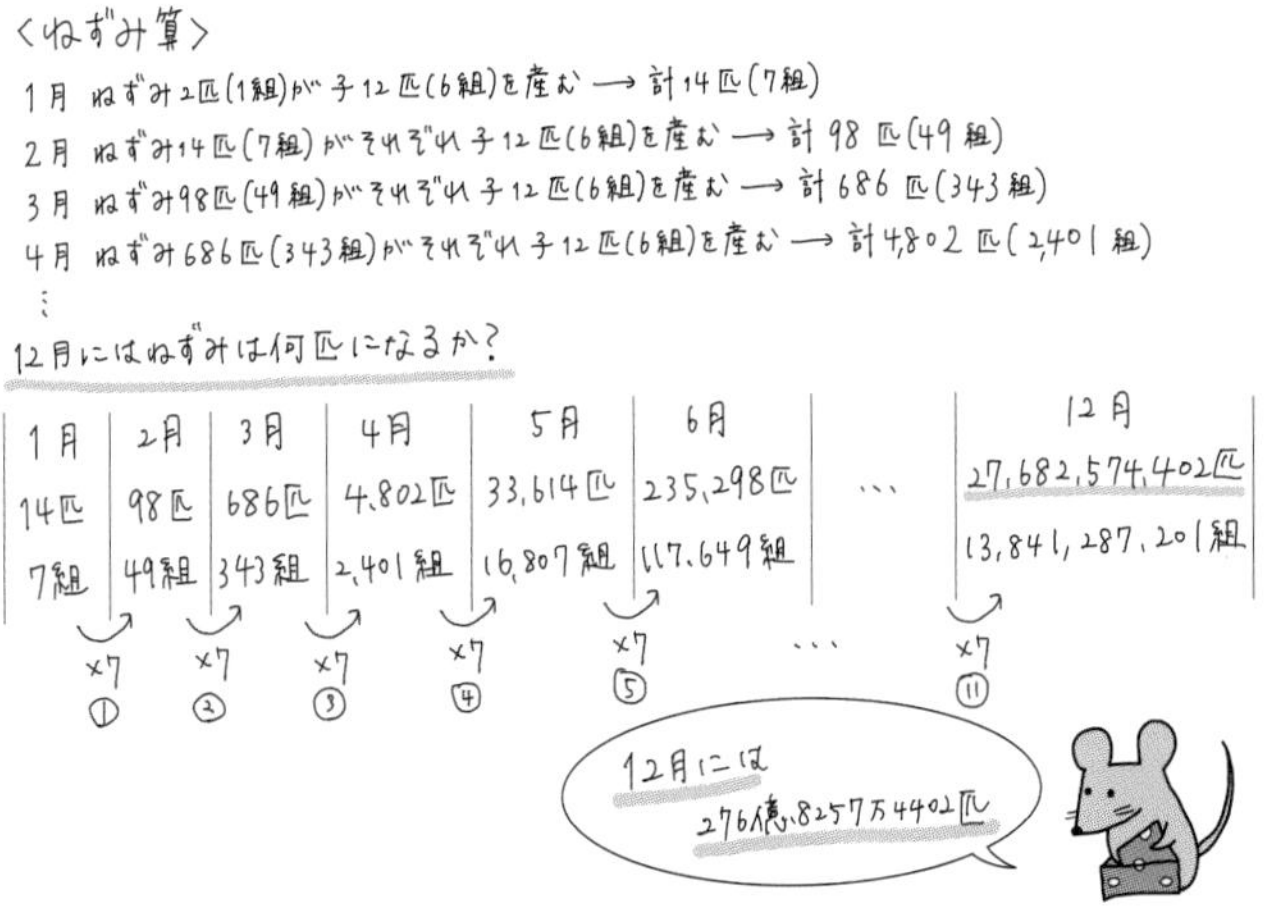

1月 ねずみ2匹(1組)が子12匹(6組)を産む ⟶ 計14匹(7組)

2月 ねずみ14匹(7組)がそれぞれ子12匹(6組)を産む ⟶ 計98匹(49組)

3月 ねずみ98匹(49組)がそれぞれ子12匹(6組)を産む ⟶ 計686匹(343組)

4月 ねずみ686匹(343組)がそれぞれ子12匹(6組)を産む ⟶ 計4,802匹(2,401組)

　　　⋮

12月

るか？

1月	2月	3月	4月	5月	6月	...	12月
14匹	98匹	686匹	4,802匹	33,614匹	235,298匹	...	27,682,574,402匹
7組	49組	343組	2,401組	16,807組	117,649組		13,841,287,201組

×7① ×7② ×7③ ×7④ ×7⑤ ... ×7⑪

12月には
276億8257万4402匹

教科書として広く普及した。そのような実用的な内容に加え、ねずみ算などクイズのような楽しい問題が、たくさんのイラストと共に掲載されていたのだ。

【ねずみ算】
ねずみのつがいが正月に12匹（メス6匹、オス6匹）の子を産む。2月には、親と子どもたちが1つがいにつきそれぞれ12匹ずつ子を産む。これを毎月繰り返すと年末にはねずみは何匹になっているか？

これは、等比数列の一般項を求める問題だが、ただの数字として計算するよりも、ねずみのイラストを眺めながら、部屋（?）がどんどんねずみで溢れかえっていく様子を思い浮かべるとなんともシュールだし、「え、そんなに増えちゃうの」とイメージも湧きやすい。まさに、「ねずみ算式に増える」と言われる所以である。

このように大きな数の計算問題が出題された塵劫記では、億に続き兆《ちょう》、京《けい》、垓《がい》、秭《じょ》、穣《じょう》、溝《こう》、澗《かん》、正《せい》、載《さい》、極《ごく》、恒河沙《ごうがしゃ》、阿僧祇《あそうぎ》、那由他《なゆた》、不可思議《ふかしぎ》、無量大数《むりょうたいすう》と、大きな数の数え方も紹介されていた。

この中で一番大きい「無量大数」は一般的に10の68乗を表すのだが、これよりも大きな数を表す単位にはグーゴル（googol）があり、10の100乗という、途方もなく大きな数を意味する。

これが、莫大な情報量を扱うグーグル（Google）の、社名の由来となっているのはなるほど納得できる。

さらに、塵劫記には読者への挑戦として**答えをつけない問題が掲載されており、これを**

「遺題《いだい》」という。ここから、**遺題を解いて新たな遺題を出題するという連鎖「遺題継承」**が始まり、日本の数学文化はさらに活発化した。

神社や仏閣を訪れた際、数学の図形問題が書かれた額を見たことがあるだろうか。これは「算額《さんがく》」といい、当時の人々は、数学の問題が解けたことに感謝し、絵馬として神社や仏閣に奉納していた。遺題や遺題継承の様子は算額にも見つけることができ、中には、問題だけを載せて解答がつけられていない算額を奉納する人が現われ、その問題を解いた人がまた算額を奉納することで、数学は次々と人々をつなげていったのだ。

ここで、吉田光由が1641年に出版した『新篇塵劫記』に載せた遺題「円截積《えんさいせき》」を紹介しておこう。この問題は、当時では誰も解けない問題だったと言われている。

全体の面積が7900坪、直径は100間なので、塵劫記では円周率を3・16で計算していたことがわかるだろう。

〈円《えん》截《さい》積《せき》〉

直径が100間（半径が50間）の円形の屋敷を、平行な2本の弦によって分割し、それぞれ面積が2900坪、2500坪、2500坪になるように分ける。

この時の弦の長さ、矢の長さを求めよ。

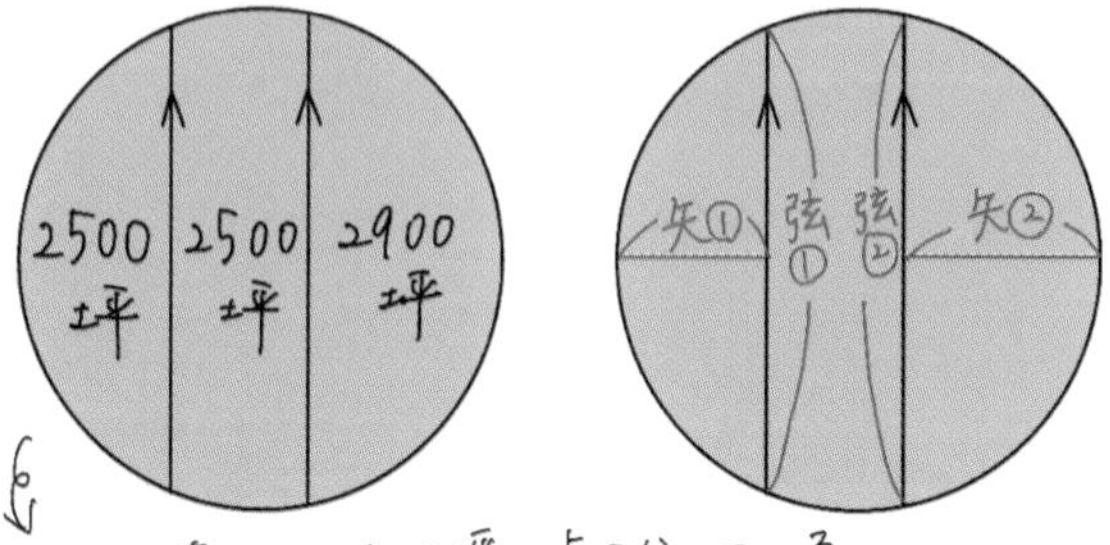

円の面積が7,900坪と与えられている。

塵劫記の遺題において円の面積は円周率が3.16で計算されている！

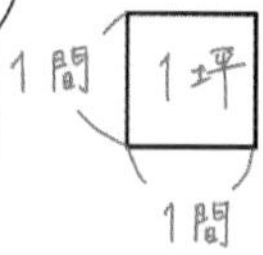

半径×半径×円周率＝円の面積

50（間）× 50（間）× 3.16 ＝ 7,900（坪）

（3.16：塵劫記で使われた円周率）

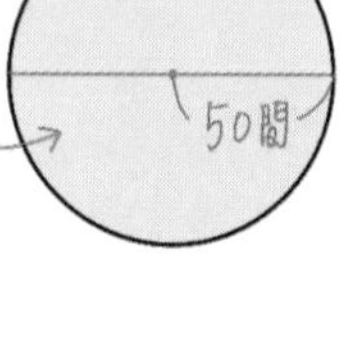

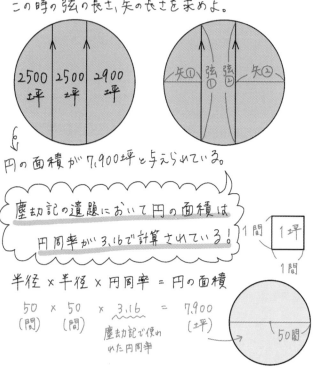

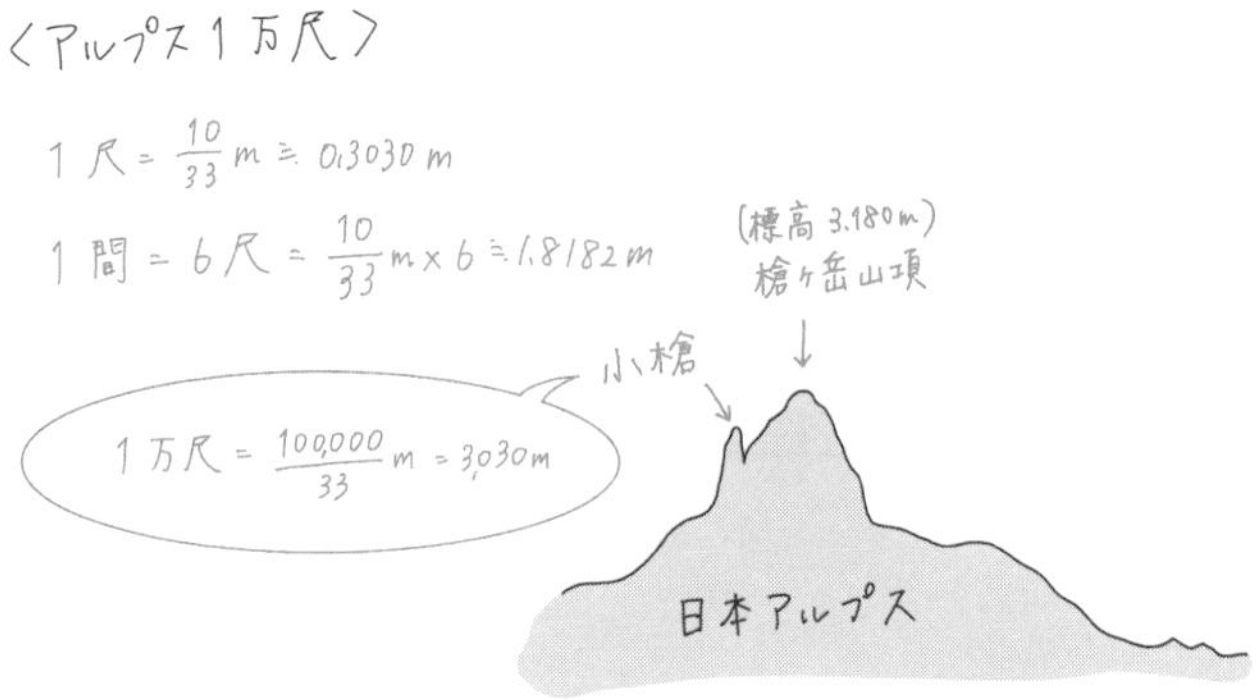

「坪」は部屋の広さを表すときに今でもよく使うが、もう「間《けん》」は聞き慣れないかもしれない。1辺が1間の正方形の面積が1坪なのだ。

また、1間は6尺であり、1尺は10/33m=0.303030…m、1間は20/11m=1.818181…mである。

余談だが、「アルプス一万尺　小槍の上で　アルペン踊りを　さあ踊りましょ♪」という歌詞は日本アルプスの槍ヶ岳にある、標高が1万尺(≒3030m)の「小槍」という岩を指している。

江戸時代は、図のように**正方形を7分割した7つのピースを使って、身の回りのさまざまな形を作って遊ぶシルエットパズル「清少納言知恵の板」も流行した。**

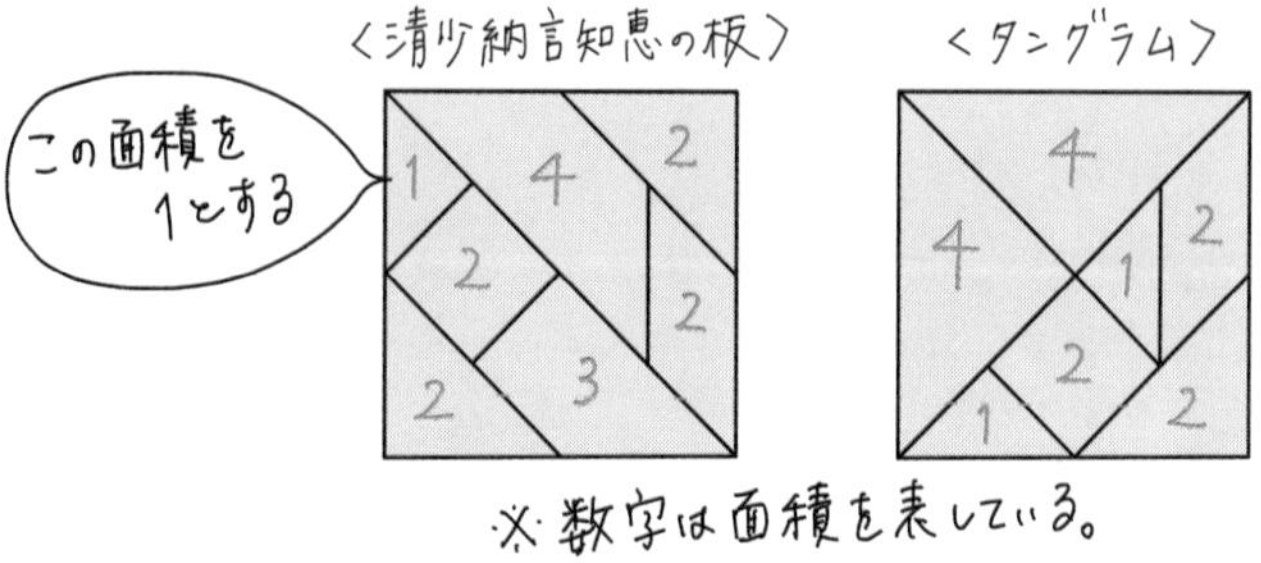

１７４２年に書かれた『清少納言知恵の板』の序文は「清少納言の記せる古き書を見侍るに、智ふかくして人の心目をよろこばしむること多し、其中に智恵の板と名づけ、圖《ず》をあらはせるひとつの巻あり」と始まり、時計やキセル、屋形船のシルエットなど42題の問題と解答が紹介されている。

同じく正方形を７つのピースに分けたパズルとして、「タングラム」は海外で生まれヨーロッパで流行してきたのだが、２つのパズルの違いがまた面白い。７つのピースで作れる凸多角形（どの内角も180°以下の多角形）の種類が、タングラムは13種類なのに対して、清少納言知恵の板では16種類であることが証明されたのだ。（清少納言知恵の板の方が、タングラムよりも、より多様な形を表現できるといえる！）

凸多角形以外でも、清少納言知恵の板では作れるが、タング

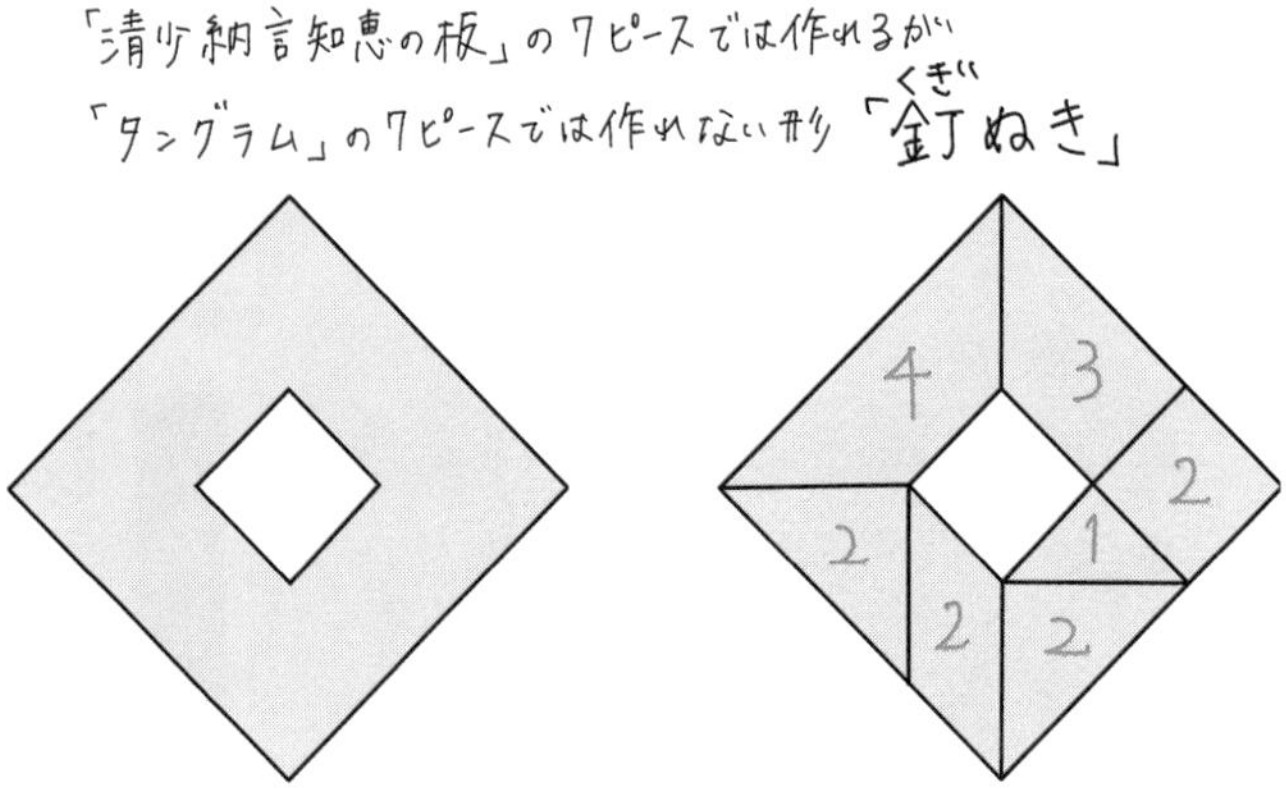
「清少納言知恵の板」の7ピースでは作れるが
「タングラム」の7ピースでは作れない形「釘《くぎ》ぬき」
4
3
2
2
1
2
2

ラムでは作れない有名な例として、家紋にも使われている「釘ぬき」という形があるので、江戸の生活に思いを馳せながら、ぜひ作ってみてほしい。

江戸の日本は、生活や仕事に必要な数学とは別に、人々が共に数学を楽しみ、日々の生活が当たり前のように数学に彩られていた、なんとも素敵な時代だったようだ。

大山口菜都美

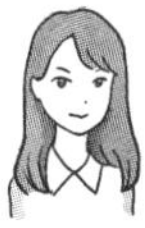

STORY 31

まだまだ面白い数学と日常の話題

日常の中にまだまだ数学の話題はたくさん埋もれている。最後に紹介しきれなかった話を少しずつ紹介したいと思う。キーワードも一緒に挙げているので、是非他の本も手にとってみてほしい。

折り紙

折り紙といえば、あなたも幼いころに工作で使ったことがあるだろう。折り紙も数学と深く関わりがある。折り紙や書類を半分に折ることはすぐにできるが、三等分したいときはどうしたら良いか。私はズボラなので、折り紙や書類をなんとなく三等分になるように折り目をつけずに輪っかにし、徐々に折り曲げていく方法でなんとなく三等分にしてる。

しかし、正確に三等分にしたい時にはどうしたら良いのか。そんなに難しくなく三等分をすることもできる。また同じ方法で様々な等分の方法が知られている。ここでは、三等分をする方法を折り紙で紹介する。

まず三等分に折りたい方向でない向きに四等分になるように折り紙を2回折る。

次に角と四等分の三つ目の部分を三角形に折る。

その次に三角におった線と初めの四等分線が交わった場所を折り目とするように折る。

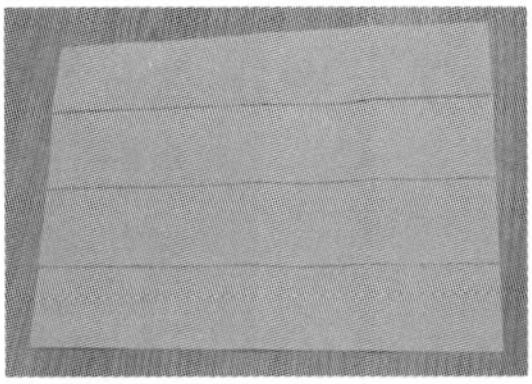

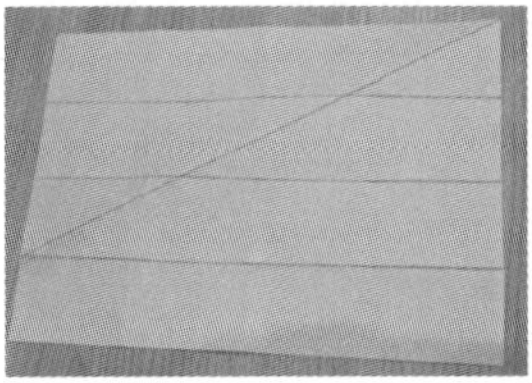

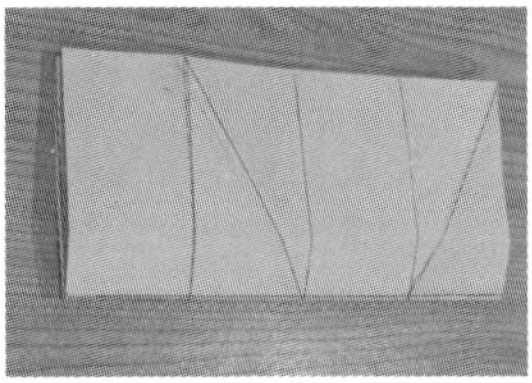

これで三等分の完成！

折り目がついてしまうので、大切な手紙を折る時には下書きした紙でまず三等分を見つけて、それを元に折ると良い。

さらに、等分の見つけ方は他にもある。また角度を等分に分けることなども問題になっているので、興味があれば、是非〝折り紙 数学 幾何学〟などのキーワードで本などを探して見るとそこには奥深い楽しみが広がっている。折り紙が地図や宇宙、また医療にも繋がっていることを知ることもできるだろう。

（キーワード：ミウラ折り・吉村パターン・なまこ折り）

タイリング

タイリングというと何を思い浮かべるだろうか。私は、タイリングと言えば、遊歩道や商店街の足元のブロックを思い出す。あと、おしゃれな家のれんが造りなどもそうだ。

このような遊歩道を見たことがないだろうか。これは毘沙門亀甲と呼ばれる模様だ。不思議なタイリングを街中で見かけると、これどうなってるんだろう（どこが繰り返してるのかな）と気になることがある。

■遊歩道

タイリングも数学と繋がりがある。中学校の時に習った線対称、点対称が実は関係している。騙し絵で有名なマウリッツエッシャーをご存知だろうか。対称性を使うと、自分でエッシャーのようなタイリングの作品を作ることもできる。是非調べてみて欲しい！（キーワード：タイリング、テセレーション、エッシャー）

高速道路のカーブ

運転は好きだろうか。わたしは運転してみたいもののまだ免許すら持っていない。高速道路のカーブを曲がるとき、わたしは窓の外を眺める派だが、その時に頭の中には可愛い曲線を思い描いている。

■クロソイド曲線

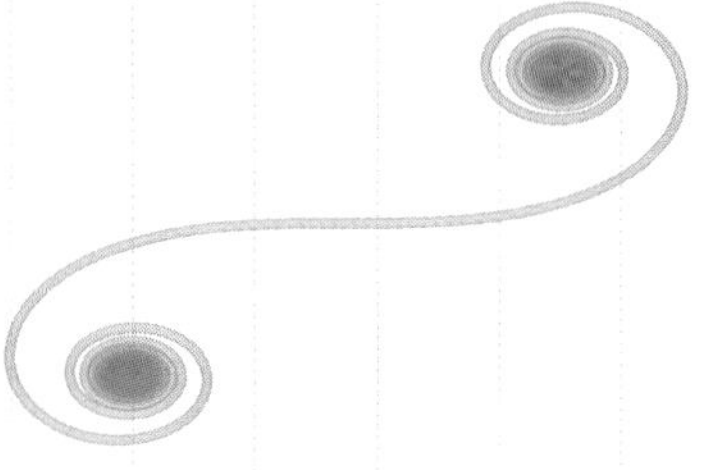

これはクロソイド曲線と呼ばれる。カーブを曲がるときにハンドルをゆっくり傾けていくと思うが、傾けるときの傾け方が運転者の負担にならないように考えられた曲線の一部が高速道路のカーブに採用されているのである。カーブのもとがこんな可愛い曲線なのである。
（キーワード　クロソイド曲線、サイクロイド曲線、ジェットコースター最速降下線）

年齢を聞き覚える術

年齢をたずねることは失礼なことだけど、大変お世話になった方にはその方の節目にプレゼントを渡したり、記念になることを企画したいと思うことがある。

年齢を直接聞くことが難しい時に私は干支を聞くことにしている。年齢より直接的ではないし、抵抗なく教えてもらえることができる。干支がわかれば、生まれ年が予想できる。年齢を干支でわけると十二支つまり十二種類のグループで年齢をわけて頭の中にしまっておくと、何年経ってもその方の年齢を忘れることはない。

実は、私は人の名前や年齢を覚えるのが極端に苦手だった。ところが、年齢を干支で覚え始めると今まで覚えられなかった人の年齢が覚えやすくなった。頭の中で干支のグループに皆を分けていき、年齢を覚えるのである。例えば、○○さんは丑年！というように。好きなスポーツ選手や芸能人の年齢も気になる人は干支でグループわけをする。

そこには、年齢を十二支という12個のグループで分ける考え方を利用しているのだが、例えば、小学生の時に習った奇数・偶数、3で割って割り切れる数・3で割って1余る数・3で割って2余る数に数を分けて考える数学の考え方が隠れている。人の名前の覚え方は良いものは何かないだろうか……。（キーワード　剰余類　mod）

伝記

日本には有名な数学者がたくさんいる。伝記も多くあるので、興味がある方は是非手にとってみて欲しい。

（キーワード　関孝和　岡潔　伊藤清）

以上、まだまだ面白い数学の話は多くあるが、ここまでとする。是非、本屋さんで数学コーナー（問題集のコーナーでも良い）を覗いてみてほしい。そこにはめくるめく数学がひろがっている。

嶽村智子

オススメの本（参考文献の一部）

- アートで魅せる数学の世界　岡本健太郎
- 美しい幾何学　谷克彦
- 面白くて眠れなくなる数学　桜井進
- 確率論へようこそ　G．ブロム，L．ホルスト，D．サンデル
- 食える数学　神永正博
- 5分でたのしむ数学50話　エアハルト　ベーレンツ
- 数学する人生　岡潔
- 数学セミナー
- スウガクって、なんの役に立ちますか？　杉原厚吉
- 「数字で考える」は武器になる　中尾隆一郎
- 数学の世界地図　古賀真輝
- 数学の秘密の本棚　イアン・スチュアート
- 数学は楽しい、数学は楽しいPart2　瀬山士郎編

●数学100の勝利 数と関数の問題 エ．デリー
●17年と13年だけ発生？素数ゼミの秘密に迫る！ 吉村仁
●素数ゼミの謎 吉村仁
●結び目の数学 C．アダムス
●読むだけで楽しい数学のはなし 池田洋介
●読むトポロジー 瀬山士郎
●Newton 別冊 数学の世界 数と数式編
●Newton 別冊 数学の世界 図形編
●ネクタイの数学 トマス・フィンク・ヨン・マオ／青木薫訳
●無限論の教室 野矢茂樹
●目で見る数学 美しい数・形の世界 ジョニー・ボール
●離散幾何学フロンティア 秋山仁
●音律と音階の科学 小方厚

おわりに

『めくるめく数学。』をお読みいただきありがとうございました。数学の難しさで目が眩むのではなく、数学の面白さに目が眩むことがあることを、そこに人生を豊かにするヒントが隠れていることを感じていただけたでしょうか。

私たち三人は、大学で数学を学び博士号を取得し、現在は大学で数学を教えています。一般的には、大学の先生、数学者などと分類される職業に属しています。大学の数学の先生と言うとあまりイメージがわかない、むしろ少し苦手なタイプと思われるかもしれませんが、普通に好きな学問を学びそこで職を得られた幸運な三人、おしゃべりも好きでそれぞれ趣味もある、そんなただの三人です。

こんな私たちがこの本を書くきっかけは、私が「数理女子」という中高生へ数学の魅力を伝えるWebページ（東京大学の佐々田槙子さん・慶應大学義塾大学の坂内健一さんを中心に運営）に関わっていることからです。明日香出版の藤田知子さんにお声をかけていただき、初めは理数好きな方々の知的好奇心を満たせる本をご提案いただいたのですが、できれば理数系に興味がない、むしろ縁遠いと思っている方に数学を身近に感じてもらえる本にしたいとお願いし、この本がうまれました。

私は数学の中でも大きく分けると解析系という分野を研究対象にしていますので、昔から交流のある幾何系の大山口菜都美さんと代数系の酒井祐貴子さんにお声をかけさせていただき、なるべく幅広い話題を提供できるようにつとめました。

数学に距離を感じる方に少しでも近くに感じてもらう為に、数学的には曖昧な表現をしている箇所もありますが、そこから興味を持ち数学の本を手に取ってもらえると嬉しく思います。上にあげた数理女子というWebページの『世界は数学であふれている』には、脳科学と数学・ジャズと数学・ファッションデザイナーが数学に出会うとき・数学とお菓子・折り紙と数学というタイトルで、それぞれの専門家の方に記事を寄せていただいています。また『数学は楽しい!』では、数学の面白さに触れることのできるコラムやエッセイも掲載していますので、是非そちらもご覧下さい。

少し距離を感じていた数学がこの本を通して身近になり、さらには生活の中でその息吹を感じてもらえましたら幸いです。

この本の執筆を勧めてくれた佐々田槙子さんに感謝申し上げます。

嶽村智子

女性であり数学者であることで、珍しい存在として見られることもありますが、この本を読んで数学だけでなく、数学者が身近な存在で多様になってきていることを少しでも感じていただけると嬉しく思います。3人で楽しく机を囲み、私たちが魅了されている世界をどのように表現すると伝えられるか思案した時間は何事にも変えられない時間でした。

著者
嶽村智子（たけむら・ともこ）
奈良女子大学理学部数物科学科数学コース　准教授

福岡県の田舎で生まれ育ち、中学高校生時代は同級生が将来の夢を持ち勉学に励む姿に憧れながら、自分自身のやりたい事が見つからず混沌とした日々を過ごした。学校の勉強に熱心になれずにいたが、数学の問題を解いたり考えたりすることが好きだった。その時は、数学を楽しむことが職業になるとは考えもしなかった（学校には、数学の授業を明快にして下さる先生も、博士号を取得している数学の先生も、学内で数学コンテストを開催して下さる先生もいらっしゃったが、当時の私は鈍感だった）。

浪人時代に出会った予備校の先生が数学科の話をし、そこで大学に数学を専門に学べ研究できるところがあることを知り、数学科を志望した。奈良女子大学理学部数学科（現在では改組により数物科学科数学コース）へ進学し、数学に益々魅了され、大学を３年次早期卒業し、博士前期課程、博士後期課程へ進み、博士号（理学）を取得した。

在学中には、佐保会奨学金、人間文化研究科奨励賞を授与された。

現在は母校で教鞭をもつ傍ら、中高生に数学の魅力を発信するウェブサイト 数理女子 http://www.suri-joshi.jp の運営にも携わっている。

現在は、確率論（確率過程論）を専門とし、血液の成分のようにチューブ内を運動する微粒子の動きを記述する斜積拡散過程を対象とし、極限定理を示すことに挑んでいる。研究生活は日々混沌としており、中学高校時代があったからこそ頑張れている！とポジティブに捉え日々歩みを進めている。

著者
大山口 菜都美（おおやまぐち・なつみ）
東京理科大学 理学部 第一部 数学科 准教授
お茶の水女子大学理学部数学科卒業。お茶の水女子大学大学院理学専攻数学コース博士前期課程、理学専攻数学領域博士後期課程修了。博士（理学)。芝浦工業大学工学部非常勤講師、秀明大学学校教師学部助教、講師、准教授を経て現職。
専門は結び目理論、空間グラフ理論。
千葉県出身。小さい頃から算数・数学が好きだったが、今思うと当時は、頑張って正解に辿り着くと嬉しいという、パズルやゲームのような感覚だった。どちらかというと、小説やエッセイなど本を読んでいる時間の方が好きだった。文字情報しかない紙面から、場面の様子が頭の中にありありと浮かんできて、そこで登場人物たちの様子を眺めるのが楽しかった。今も、本屋さんに行って、並んだ本のタイトルを眺めるのが好きだ。表紙のデザインや質感、フォントはみな違い、どの本にも著者や出版社の方の気持ちが詰まっているんだろうと感じ、嬉しくなる。高校生の時は、クレーンゲームでリラックマのぬいぐるみをとることに熱中していて、どこに重心があるかすぐにわかるようになると、部屋にリラックマが溢れていった。そんな中、大学受験では数学科か物理学科で迷い、なんとなく数学科を選んだ。2年生で位相空間論を履修した際、その魔法のようにおもしろい授業に「この先生のもとで数学を学びたい」と衝撃を受け、ゼミを選択した。指導教員と友人2人との結び目理論のゼミは、本当に楽しく充実していて、数学漬けの毎日だった。もう少し結び目の勉強をしたいと思い大学院へ進学し、気づけば今に至るが、まだまだ日々勉強中だ。

著者
酒井　祐貴子（さかい・ゆきこ）
北里大学一般教育部数学単位　准教授。専門は整数論。

東北大学大学理学部数学科卒業。東北大学大学院理学研究科数学専攻博士前期課程、早稲田大学大学院基幹理工学研究科数学応用数理専攻博士後期課程修了。博士（理学)。

早稲田大学基幹理工学部助手、北里大学一般教育部講師を経て現職。また、東京理科大学理学部第二部数学科で非常勤講師を務める。

東京都出身。小学校から高校まで女子校で育つ。

中学3年生で初めて平面図形の証明問題を勉強したときに、きちんとした証明を書けば世界中の人を納得させられることに感銘を受け、数学に興味をもつ。その後、高校まで教科書で単元ごとに独立して学んでいた数学が、その裏ではつながっていることを知り、自分なりにその関連し合い、広がっている数学の世界を理解したいと思い、数学科進学を志すように。特に、高校時代にその存在を知ったガロア理論を使えば角の三等分線の作図が不可能なことなど、図形の問題を図形を使わず代数的な理論で解決できることがあるということに感動し、整数論を学びたいと思うようになった。今でもその時の気持ちを大切にしつつ研究・教育に従事している。

趣味は合気道（合気会四段)、料理、旅行など。中学1年生の時から Mr.Children のファンでファンクラブ歴は 30 年弱。長年家族の介護に携わった経験から、上級救命救急講習、応急手当普及員の更新は欠かさない。

めくるめく数学。

2023年9月24日 初版発行

著者　嶽村智子／大山口菜都美／酒井祐貴子
発行者　石野栄一
発行　明日香出版社
〒112-0005 東京都文京区水道2-11-5
電話 03-5395-7650
https://www.asuka-g.co.jp
デザイン　菊池祐
組版・校正　野中賢／安田浩也（システムタンク）
本文イラスト　末吉喜美／嶽村智子／大山口菜都美／酒井祐貴子
カバー写真　oxygen / Alcohol Ink Abstract Wash Background. Mixing Aqua Blue Acrylic Paints. Marble Texture／ゲッティイメージズ
印刷・製本　シナノ印刷株式会社

ISBN 978-4-7569-2288-5